U0041414

大動物小獸醫

做牛做馬的出診人生

龔建嘉 著
柯智元 撰文

推薦序

跨出去，才會更勇敢

葉丙成／臺大電機系教授

我創辦的「PaGamO」公司，與阿嘉所創辦的「鮮乳坊」時間差不多，所以我們算是同一批的創業者。看著鮮乳坊一步步成為臺灣愈來愈多人信賴的乳品品牌，我一直很佩服，也很好奇——到底是一個什麼樣的獸醫會搞出這一切？就好像常有人問我說教授為什麼會想創業？我也很想知道好好一個獸醫，怎麼會想不開來創業呢？

看完這本書，我終於知道為什麼了。

別誤會，這不是一本在談鮮乳坊創業史的書。這本書讓我看到的是——一個獸醫系的大學生如何一路突破自己舒適圈，在人生路上逐漸找到自己天命的故事。

先說結論，這是一本非常推薦給還在找尋自身天命者的書，又或者你是個「心中早有自己想做的事，卻因與別人的路很不同，而在這當中覺得迷惘」的人，這也是非常適合你的書。因為這本書所寫的故事，會讓你更有勇氣走出自己的路！

翻開這本書，每個故事都讓我讀得興味盎然。阿嘉寫他與他的師傅、與酪農、與牛隻奮鬥的點點滴滴，在他充滿感情的溫暖筆觸下，都讓人彷彿身臨其境，而且十分有趣。比如說，怎麼讓牛乖乖接受檢查，而不會氣到踢你？怎麼讓站著的牛坐下，甚至側躺？如何麻醉聰明的紅毛猩猩？我看這本書的時候，這些奇巧的故事讓我一會兒笑，一會兒嘖嘖稱奇。

但這不是一本寫牧場見聞的書而已，最大的價值，是讓你看到一個都會區長大的大學生，選擇了一條很少人走的路——大動物獸醫，他是怎麼一路跌跌撞撞地走到今天？實習時，沒有人願意收他，他是如何幫自己爭取到一個機會？他又是如何把握一個機會，讓師傅願意給他更多機會？畢業之後去牧場，酪農對一個穿皮鞋、襯衫的傢伙根本沒有好感，他如何去建立人家對他的信任？怎麼從在酪農家門口聊幾句就被打發，到慢慢能夠進到對方家裡，在客廳喝茶、聊天？甚至到後來，農友還願意留他下來吃飯、留宿？

更令人詫異的是，一個臺大畢業的菜鳥獸醫，只有證照，根本得不到酪農們的認可，牛都不給他看（酪農只給他們信賴的老獸醫看）。別人幫忙介紹，說他是臺大畢業的，但在農友心中，根本沒把這學歷當一回事。而沒機會幫牛看病，無法累積經驗，就更無法讓人信任了。這麼令人焦慮的困境要如何打破？再加上這名臺北市長大的小孩，臺語講得「二二六六」，但人家酪農都是以臺語作為日常交談。他要怎麼調整自己，讓自己能與人家有共同的語言，進而建立信任？

我認為這本書最重要的主軸，就是「跨越舒適圈」。一個都市長大的小孩，如何一路突破自己的舒適圈，到能在中南部牧場得到酪農的認可，把珍視的牛隻放心交給他。雖然書中談的是年輕獸醫、陌生的語言和環境、對他不信任的酪農、打不進去的牧場，但其實許多人剛從學校畢業，進入職場，又何嘗不是像阿嘉一樣？業界講的話都不是自己常用的語言、客戶對年輕人不信任、打不進去的職場文化，這不都與阿嘉遇到的是一樣的挑戰嗎？

或許身處在這些挑戰中，你曾經（或仍然）感到挫折，但我推薦你這本好書。一位年輕獸醫一路努力突破自己舒適圈，讓自己得到酪農與動物的信任。一篇篇溫暖的生命故事，會讓你更有勇氣面對自身的挑戰。相信有一天，你也會與阿嘉一樣，找到自己的天命，走出自己的路，成為與他一樣溫暖而有自信的人。

推薦文

小獸醫的大力量

火星爺爺／作家、企業講師

當年老師問阿嘉：「你為什麼想向我學這些技術？」阿嘉說：「因為我想救動物，我希望牠們是健健康康的。」

這本書訴說一個菜鳥獸醫如何用愛點燃老師、酪農、夥伴冰封的信任與笑容，進而捲起袖子改變產業的故事，非常勵志。

看著阿嘉想盡辦法為大型動物診治，為酪農付出，讓農友敞開心房，分享自己面臨的問題，以及他創辦鮮乳坊，決心打造心中理想的酪農產業……你會驚嘆，原來持續地付出愛，能有這麼大的力量。

阿嘉親身示範，就算你一開始是個孤勇者，只要你的血夠熱，再冷的周遭都可以被你點燃。

我溼著眼眶讀完書稿，相信翻開這本書的你也會被激勵。你會對「愛的複利」燃起信心，這雖不容易，但你可以先點燃自己，然後把身邊一片凍原，暖成生機盎然大草原。

推薦文

讓社會變更好的事，何不去做做看？

盧建彰／詩人、導演

阿嘉是我心目中社會永續的實踐者，他用創意和毅力服務人群，受惠的不只是大動物，還有大環境。

我總在遠處偷偷觀察、學習，效仿他一次又一次開創性的做法。我們家族更有孩子因為他的故事而決定人生志向，遠赴愛丁堡大學修習獸醫系，今年也將正式執業，成為幫助動物的一員。

相信這本書也能為你帶來不同的啟發，追尋另一次智識和志向的躍升。

推薦文

他說他要做「大動物醫生」啦！

蕭火城／大動物臨床獸醫師

這是一本值得你一讀再讀的好書！

阿嘉是一個永不放棄理念的大動物臨床獸醫師，長年建構他心底相信的「快樂做牛做馬的出診人生」，同時實踐「你注定要做一件只有你能做的事」，他以行動翻轉酪農業，也改變了獸醫界傳統邏輯思維的束縛。

從一個人到一群人，用一瓶牛奶到鮮乳坊，改變了一個產業，同為從事大動物臨床獸醫師診療工作的我，引以為傲！

引述《聖經‧創世記》說，上帝創造天地，交予人管理；又說，神看著一切所造的都甚好。這本書中的環境與心境，形成有一片獨特的天地，心靈的希望與夢想在此翱翔起飛，恣意奔流。

細細品味過這本書，我的感覺是——發現一瓶好牛奶，使你健康有活力；發現一位好作者，令人眉開又眼笑。

人的強大，始於內心。《大動物小獸醫》有層次地融合陳述，是獸醫師與牧場動物的心靈對話，是智慧的結晶。

自序

攸關動物「生命」的意義

「哦，你是獸醫師啊！你在哪一間動物醫院工作？」

在都市環境，很容易塑造一個職業的樣貌，以獸醫師來說，印象肯定是狗貓醫院的醫師。我在獸醫師養成的過程中，卻接觸到更多不同動物的診療。「如果要當一個獸醫，我要成為一個什麼樣的獸醫？」是我經常對自己提出的問答。

我曾在屏科大野生動物收容中心實習，照顧收容的動物。那多是由國外走私進來的外來種，因擔心會造成本土動物的生態影響，只能於此集中管理。要怎麼和會吐人口水、搶人頭巾的聰明靈長動物相處？要怎麼處理在颱風過後，大冠鷲因受傷而滿腿長蛆的腐肉？要怎麼拯救一隻被黏鼠板困住的超級毒蛇？這些故事並不僅是醫療技術本身，而是攸關動物「生命」的意義。這些動物是沒有辦法用投資報酬率或是生產力來衡量的。為什麼要做？當初學習獸醫的目的是什麼？我經常想著這些。能夠把牠們救活，是發自內心的喜悅和成就感。

還記得念研究所的某一天，我和實驗室的同學一起坐電梯去吃午餐，聊到我們覺得成功的人生。大家興奮地談論要如何在獸醫領域大顯身手，還有想要開業賺大錢等夢想，而我還在回想早上和我的師傅蕭火城醫師在牧場出診的畫面——如果能夠在鄉下和酪農一起生活，過單純的日子，每日在牧場間協助解決大小動物的問題，而且享受於這樣的工作當中，像英國的鄉村獸醫師吉米・哈利（James Herriot）一樣，就是最成功的人生了吧！

當年，我成立了一個自己的小小部落格，就叫「大動物小獸醫」，因為治療牛、馬、羊、鹿這種大型的草食動物，在獸醫領域就稱為「大動物獸醫師」，相對於這些動物，我顯得渺小，只是產業中一個小小的存在。這個部落格陪伴了我，記錄了前往牧場路上所看到的風光、在牧場當中看到的故事，以及幫助了我在當兵時推動的除役軍犬認養社會運動，種種一切，都是從這邊而起。

獸醫是一個站在人與動物之間的橋梁，在疾病與健康之間的交集。這個世界上少了任何一種動物，都會讓地球變得不完美。臺灣有廣大的畜牧動物與野生動物亟需獸醫師的投入，牧場的環境有蚊蟲、糞便、汗水，沒有冷氣、正妹畜主，更沒有辦法穿上白袍，但我總認為——獸醫不應僅限於幫助特定的動物，而是各式各樣的動物。

在鄉間的日子永遠充滿挑戰與新鮮，期待把這些見聞透過這本書與大家分享。在臺灣，除了都市的動物醫院，還有這樣的生活、這樣的動物、這樣的生命，交織出這樣的感動。

目錄

輯二

那些動物，那些人

輯三

你想要什麼未來？

輯一

成為大動物醫生

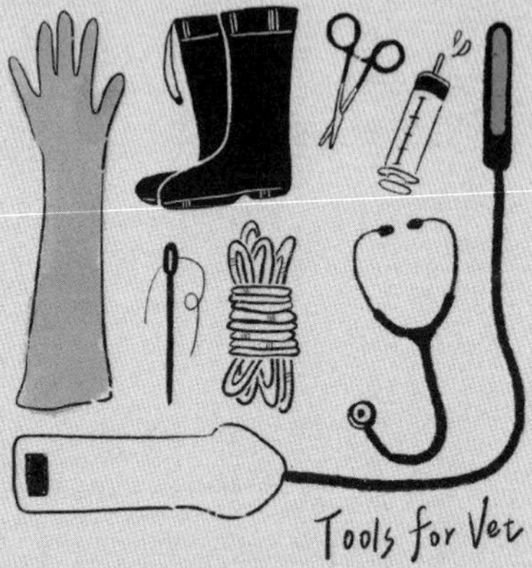

「你選擇的是大動物這個領域，

需要一直跟在我身邊。

不論我要去任何地方，

做任何事，見任何人，

更不論你想或不想。

我們這一行，生活與工作是綁在一起的……」

一名怪奇獸醫的養成

你打過電動嗎？在創造一個遊戲角色時，如果系統給你二十點，讓你調整各種能力參數，比如生命值、力量、速度、智力、魔法，你會怎麼分配這些額度？

在遊戲的世界，我和周遭許多朋友的做法差不多，會先將某一項特定技能加到最滿，讓自己有一項特別技術極為專精，其他的點數再慢慢分散下去，直到能夠分配的點數歸零。

有趣的是，現實世界裡，我完全不是這樣的人。

至少，在經營「自己」這個角色時，我總是想辦法讓每一種技能都有加到一點分的機會。

這樣做的缺點顯而易見，就是我似乎沒有哪一項長才可以到金字塔頂端。但好處

是，我所開發的領域比其他玩家寬廣許多。

而這種「角色養成法」，或許和我的成長經歷有關。

五育均衡，真的嗎？

我的媽媽是一位國小老師，所以小時候我們家沒有電動，也少有電視生活。她幫我買了許多書，比如全系列白話版的《資治通鑑》，或是中國歷史的全彩漫畫書。我們家也是科學刊物《小牛頓》的訂戶。這些內容，讓我從小就習慣透過文字來滿足對某個專業知識領域的好奇。

我念的是臺北市知名的升學國中。當時臺灣仍盛行體罰，老師會依照不同學生的程度，訂定不同的及格線標準，少幾分就打幾下。大腿也打，小腿也打；手心也打，手背也打。甚至有老師以打手背聞名，大概是因為比較痛，又不會留下傷痕。在老師的眼中，對於不夠勤學的學生，疼痛較能產生鞭策力，驅使學生努力考高分，到社會期待的好學校。雖然我至今仍不確定，當時那些成天挨打的孩子，最終是不是真的去到老師眼中的好學校了？

以前上學時，有句響亮的口號叫「五育均衡發展」，現在想起來還是不禁噗哧一笑。臺灣社會由上至下都知道，最後主導這個升學體制的，仍是「智育」，它壟斷、獨霸，幾乎宰制了我們一切所作所為。與我同世代的臺灣孩子，對於「德、智、體、群、美」的真實感受是什麼，大家心照不宣。

進到高中，分了類組，愈接近大考，愈能感受到臺灣這股根深柢固的思想。文科的老師到了理科志願導向的班，態度趨於速戰速決；理科的老師走進文科志願導向的班，教學時常顯得有氣無力。他們或許也知道，自己傳授的科目在「不同邊」教學場域上並不會被認真對待。學生們對沒有要考試的科目興趣缺缺，睜一隻眼閉一隻眼，就是老師留下的溫柔。

我想，人經常受困在制度。然而制度，也是由人類親手創造的。

執照與經驗

回想還在念獸醫系的日子，我們都知道，畢業後得先通過獸醫師執照的考試。這項考試有六個必考科目，學長姐會提醒我們，要先熟讀考古題，因為考試就是從過往題庫中挑選題目。而通過的標準多年來不變，就是只看這六科的平均分數，是否有六十分。

聽起來沒什麼特別的，但實務上的前線作業，比如超音波判讀、疾病診斷、開刀縫合、儀器使用，這些獸醫師真正要接觸的例行任務，反而都不在獸醫執照的考試範圍當中。

這不是很奇怪嗎？在國外，考場就是牧場，會要求你做牛隻、馬匹的現場檢查，包括直腸觸診的能力，也會考你手術的縫合技術，甚至還需測驗你現場保定[1]理學檢查的功夫。而這些在臺灣最後一關的獸醫師執照考試中，完全不會出現。

我開始感到徬徨。如果想精進自己不足的東西，好像不能只照著規章上所描繪的「專家」方向走。因為等在那條路盡頭的，有可能不是我預期的結果。我想要的，不是有名無實的頭銜。

現在的我也明白，為何有些酪農更相信在地的老獸醫，甚至有些是沒有正規學術背景、也沒有通過國家獸醫執照考試的「無照醫師」（這些「無照醫師」在牧場服務的年代，可能根本還沒有完善的獸醫執照與考試制度）。他們或許只是農村裡較有名望的知識分子，只是當地唯一有念完高中或大學畢業的人，但因為有閱讀與自學的能

註1——在不危及動物的生命下，短時間內以物理性或化學性的方式控制動物的移動，使獸醫師和照養人員得以接近並進行必要的醫療或管理等相關工作。

力，也願意主動翻查、理解乳牛醫學的相關資料，並透過協助住家附近牧場的酪農，形成了自己的醫療經驗。

相比起來，「只有一張證照」的年輕獸醫，恐怕不完全是酪農需要、能夠解決眼前問題的醫療工作者。

而想要解決眼前的問題，有時更要跳出框框去思考問題。它背後倚賴的不只是特定的專業技術，還有我們對於跨領域知識的涉獵與連結。

全新的眼睛

我很幸運，學生時期被歸類在考場勝利組，大概是能夠有效率地把握大小考試的重點，所以有餘裕化被動為主動，去了解每個學科想傳達的真實面。當同學還在掙扎把現有的考試科目讀完，我總是嘗試比別人多讀一些，下課後向老師多問幾句。這個額外的真實學習場域，讓我在那個還稱不上完備的教育學制中，有機會碰觸到自己真正感興趣的東西，不至於被枯燥、繁重的升學壓力擊垮。

後來讀到法國大文豪普魯斯特（Marcel Proust）的看法：「真正的發現之旅不在於巡訪新景點，而在於擁有新視野。」更是心領神會。

我在碩士班寫的論文，是關於牛的結核病研究，不一樣的是，我所用的研究方法其實是從臺大森林系的「空間分析」課學來的。我的指導教授從沒看過獸醫系學生用這種方式思考，因為在他們眼中，疾病就是用微生物、病毒等古典的分類來分析，鮮少把「空間」這個參數放進既有的思維座標。一個碩士班學生能運用跨學科的方式去分析牧場、熱區，教授對此感到非常意外。

然而，這並非什麼了不起的事情，對於長期戴著GPS定位系統探勘、記錄的森林系學生來說，僅僅是相當基礎的分析方式。但如果能試著把A領域的基礎拿到B領域做應用，就有機會擦出超乎想像的火花。

再以差異更大的科學與人文來說，在我的觀念裡，一個人不應被簡單二分為「理科人」或「文科人」。我可不可以兩者都喜歡？在中興念獸醫系時，我額外選修中文系的文學課（大家都覺得我去文學院是為了看女生。開玩笑，我是那種人嗎？），也加入戲劇社、辯論社，參與過大型的學校戲劇公演演出。如今回頭看，這些人文屬性的群體，非常扎實地豐富了我的獸醫系學生生活。讓我的眼裡不是只有動物，還練習看見這整個世界——儘管那時並不知道是什麼樣的力量，一次又一次地引導我這樣做下去。

出了學校之後

我知道在某些人的印象中，理科的人直率理性，卻缺乏足夠的人文素養；文科的人浪漫感性，但針對科學與邏輯較無系統性的訓練。這兩邊的人如果沒有機會理解對方，不就太可惜了？如果能夠打破這種二分法的藩籬，會不會有更好的加乘效果？

有時候也會想，臺灣的教育命題，是否被工廠生產線思維深深影響？教育的目的被限縮成「如何穩定產出一顆顆符合規格的螺絲帽」，而不是「如何養成一位能力均衡發展、足以轉化社會的公民」；就算不說些遠大宏觀的理念，我們也極少思考——究竟，身為一個人，我們需要什麼？

畢業後，我從事獸醫工作，但平時也閱讀不少和公民與社會相關的書籍。一直到今天，我還是很喜歡欣賞藝術創作，小說、散文、電影、音樂、舞臺劇、攝影展，它們都是滋養我長大很重要的元素。我仍然想深度思考一個哲學問題、研究一首詩，甚至為一本小說、一部電影哭泣。因為愛聽故事，我在許多創作當中感受到不同成長背景的思想撞擊，那使我快樂。我覺得人文領域的魅力，某種程度上，是鼓勵我們自我探索。

或者反過來說，如果有一天，當我面對所有作品，都不再有想像或共感了，我會不會接受那樣的自己？

一直認為學習的歷程，應該帶給年輕、迷惘、懵懂的我們更多機會與可能性。或許在學校裡，我並沒有幾個九十幾分的專才能拿得出手，但學會了不少六十幾分的技能，如果能以全新的眼睛看待，整合兩個技能的價值，可能就有一百二十分的能力。就像蘋果的創辦人賈伯斯（Steve Jobs）結合美學和科技，就讓蘋果的產品跳脫了一般科技品的規格，創造了前所未聞的獨特風景。

你們一定會比我更卓越

年復一年地獨立出診，從酪農身上，察覺到許多現有規則的不公平，開始了奇妙的創業之旅。和一群來自四面八方的夥伴組隊打怪，我成為了一位「非典型」的乳牛獸醫。

當我們看見食安風暴阻斷了人與人之間的信任，努力重新建立起互信的橋梁便成為了我們的首要目標。要讓消費者看得見產地，也讓產地因專業團隊的全力進駐能保持進步。

當牛奶的成分與來源變成過多繁複名詞的堆疊，我們透過最草根的食農教育，推動消費者認識自己餐桌上的每一份食物是如何產製出來的，讓消費者體驗來自優質單一牧場最原始好滋味的鮮奶，嘗起來是什麼樣子。

當近幾年，國外的動物福利指標似乎逐漸成為顯學，我們團隊的夥伴早從二〇一五年就已經逐步建立更適合本土酪農的動物福利指標，並且讓合作的牧場持續優化、修正，朝向對牛而言更全面健康的方向努力。

當土地發展、人力永續、全球化衝擊本土酪農業等議題開始發酵，我們用自己微薄的力量，倡議地方創生，讓青年願意回到家鄉，讓人口老化的鄉村和傳統產業有機會注入活水，用我們辦得到的方式，盡可能地和鄉里一同打拚。

我時常在想，人們終究會老去，每天瞬息萬變，不斷有超越這個世代能夠想像的東西被創作出來。終有一天，我也可能會開始跟不上時代。

那麼，我還能留下什麼給未來呢？

也許，這些發生在我身上的故事，可以從不一樣的角度說起……

做牛做馬的紳士

「看清楚，就是這邊。我們要在這裡下針。」

我緊盯著這位前輩的一舉一動，不敢閃神。

他正仔細循線輕撫牛的筋絡，右手對準位置，彈了彈指，一一插上針，再順時針轉動。乳牛身體不自覺地原地抽動了幾下，又彷彿沒事一般，繼續躺臥。

如果此刻有一顆高高的俯瞰鏡頭，這位身高一八〇的壯漢像是祭司，在擺滿牧草堆的小角落，主持著一場古老又傳統的儀式。

這位前輩是蕭火城，臺灣少數的大動物獸醫師之一。他同時有一個特別的身分是「中獸醫師」，即除了一般西醫的訓練以外，也專攻中醫診療的獸醫。

有時，我經常害怕這一切只是場夢——某天醒來，發現自己其實沒有考上獸醫師

執照，沒有去過牧場，甚至，蕭醫師根本沒有答應讓我跟診。

大動物的課

過去獸醫隸屬於農學院，多半以畜牧動物[2]的醫療訓練為主。都市化之後，伴侶動物[3]的治療則成為了最熱門的選擇。能夠學習「大動物」的課程一直不算多，以我在學時期來說，臺灣有提供比較完整的大動物獸醫訓練與相關資源的大學，應該就屬中興大學。

大三暑假在野生動物收容中心實習時，認識了一位嘉義大學獸醫系的朋友，一直保持著聯絡。他告訴我，嘉義大學獸醫系即將邀請蕭火城醫師開大動物獸醫的課程，且是完整一學年的課。因為他們當時仍有日夜間部兩班，於是，這堂課將會在週末時間進行。

當時還就讀中興大學獸醫系的我，對於這個難得的機會，感到非常興奮。

一大清早，我捏著臺中前往嘉義的國光號客運車票，準備排隊上車。

這件事我沒有讓太多人知道，畢竟也不是很清楚這樣的旁聽是否需要特別申請。

就這樣，每逢週六，我像個情報員，定時潛入嘉義大學，偷偷地待在蕭醫師的課堂旁聽，滿滿一天，從早到晚，全年無缺席。

「針法，指的就是用針刺來刺激穴道，灸法，指的是用艾草的熱來刺激穴道。要記得，最常使用的動物針灸分為三大類：火針，是把針燒得極燙，瞬間插入穴道；水針，是在穴道中打入特定液體，長效釋放或壓迫這個穴道，提供刺激；電針，是接上電流，增加刺激。」

投影幕放上了一匹馬身上都是火海、神情依然淡定的影片，這招有一個非常帥氣的名字，叫「火燒戰船」。因馬匹主要的工作是被騎乘，常有腰背的運動傷害，又因為緊鄰脊椎兩側的華佗夾脊穴綿延整個背部，要用針法插上許多根針，既不方便又危險，於是先在背部鋪上用醋淋溼的毛巾，再蓋上一小片噴上酒精的溼布，上層的布點上火，醋可以阻隔火往下燒，也可以在熱氣下讓毛細孔舒張，傳遞上層的溫火，就像熱敷一樣。蕭醫師一派輕鬆地講解，我看得目瞪口呆。這麼敏感的動物，卻能夠用如此衝擊視覺的治療方式，針灸真是太不可思議了。

註2——畜牧動物即指以為獲得經濟價值而飼養的動物。在獸醫系當中，與畜牧動物相關的領域包含水產動物獸醫、大動物獸醫、豬病獸醫、禽病獸醫等。

註3——伴侶動物即指提供個人陪伴的動物。在獸醫系中包括狗貓外科、狗貓內科、特殊寵物等。

過往，幾乎沒有獸醫師會談到臨床醫學上對動物使用針灸治療，學西醫出身的同學們總感覺特別新鮮。

由於這是日夜間部混合的班，日間部同學沒看過我，以為我是夜間部的學生；夜間部的同學也對我感到陌生，推測我應該是日間部來的。這一年當中，我也沒有和蕭醫師打過照面。只是坐在教室的角落，默默寫著自己的筆記。

為了學習大動物知識，我就這樣隨著客運搖搖晃晃前進，在懵懵懂懂中，過了整整一年。而每週回程的車上，都覺得好滿足。

充實的標竿

獸醫系大五要進行實習，且要進行一個臨床病例報告。選定研究目標時，我特別想要專攻牛的第四胃異位手術[4]。

這種病症，依一般教科書的見解，即手術刀解決一切。這是在牧場最常見的外科手術，乳牛會全程站著開刀。因全身麻醉容易造成牛的瘤胃脹氣而有生命危險，僅能透過局部麻醉，在手術的過程中，乳牛會津津有味地反芻，甚至還會回頭看看這個獸醫到底在牠的肚子上做什麼。雖然治癒率高，但畢竟需要動刀把牛的腹腔打開，有沒有侵入性更低的治療方式？翻遍了所有能夠觸及的學術資料，發現除了主流的外科手術，醫學界大約還有七至八種解決方案。其中一位作者提出了針灸療法——正是我之前跑去嘉義大學偷偷取經的蕭火城醫師。

過去一年，我從來沒有和蕭醫師講過一句話，也沒有留下任何聯繫方式。大學畢業前的這次專題，對獸醫系學生是極度重要的，我希望向蕭醫師取得幾則更詳細的引用文獻。透過那位嘉義大學的朋友輾轉詢問，獲得了蕭醫師的同意。我可以跑一趟他在桃園的家，簡單請教一些適合閱讀的文獻。

那天一大早，爸媽開著車，載我從臺北南下桃園龍潭。我請他們在附近的便利商店等我，心想應該很快就出來了。

早上九點按下一樓門鈴，鐵捲門仍關著。雖然之前與蕭醫師通過電話，但這算是第一次正式拜訪這位學界泰斗，心裡不免緊張。

鐵門緩緩捲上來，穿著素色 POLO 衫的蕭醫師，臉上掛著笑容。

註4——常說牛有四個胃，分別是瘤胃、蜂巢胃、重瓣胃、皺胃。不過前三個「胃」其實都是食道的變形，而第四胃是真胃，平常的位置在牛的腹腔右下方。然而剛分娩的母牛因為子宮體積突然縮小，以及代謝性的影響，導致第四胃有可能會滑到左邊，造成牛隻食欲廢絕，甚至胃出血。

1 瘤胃
2 重瓣胃
3 蜂巢胃
4 皺胃(真)

「蕭醫師您好，我叫龔建嘉。我其實有聽您教過針灸，未來我真的很想要做這個專題。能不能向您進一步討教？」

「嗯，進來吧！」

一樓是蕭醫師的診所，放眼望去有著各種儀器、動物模型，環繞著整齊有序的書櫃，書架上有中西醫各種典籍，不難猜想他在獸醫學上涉獵的廣度。

「是喔？所以你之前就這樣一直往返臺中與嘉義啊？」

「是啊，那個班很大，上了一年的課也沒人發現。但沒有先讓您知道就旁聽，實在不好意思。」

我語帶悔意，蕭醫師這時卻拍拍我的肩，放聲大笑。

「以後怎麼稱呼你比較好？」

「叫我阿嘉就好。」

「好，阿嘉。對了，平時喜不喜歡釣魚？」

「沒試過耶……」

「來，向你介紹一下。這種啊，我們俗稱鐵板釣……」

蕭醫師在我面前打開一盒箱子，箱裡裝滿各種尺寸的鐵板。他拿出其中一片比手掌還長、形狀像一隻魚的鐵板，交到我手裡。我掂了幾下，分量十足。

「這個，在大海裡面如果用手上下拉動，讓它載浮載沉，在底下的魚看到，真的就像一隻魚，是吧？它是深海魚眼中的餌。所以啊，我們海釣不是用蟲，也不是用小魚，是用鐵板。」

「沒想過耶！真的很酷……」

釣魚，是我們認識第一天的第一個話題。

接下來，蕭醫師興沖沖地打開電腦，與我閒聊他過往海釣的各種活動照片，活靈活現地描繪著海象的變幻莫測，以及同夥在船上吐得稀里嘩啦的狼狽過程。

蕭醫師的皮膚黝黑，說話生動。曾經是海軍陸戰隊的一員，當時有在練跆拳道，身材精實。

一晃眼就到中午了，夫妻兩人邀請我吃午餐，桌上正是昨天蕭醫師坐船出海釣上來的鮮貨——新鮮的紅甘生魚片。

手藝精湛的師母和我聊起，起初是如何認識蕭醫師的。

師母的本名叫黃雪美。蕭醫師服役期間，將破洞的軍服帶去給裁縫店修補。師母正好在那家店工作，來來回回去了幾次，彼此聊得很投緣，便成為無話不談的朋友。

師母從學國標舞，到變成國標舞老師，將住家二樓打造成國標舞教室，整片牆面擺滿一戰一戰贏下來的獎盃。她也鑽研二胡，每天練習八個小時，就像呼吸吃飯一樣自然，還常與朋友一同進行專業級的表演。她更曾經是桃園龍潭消防隊防災宣傳的隊長，做志工做到獲得消防界最高榮譽鳳凰獎，簡直創下前無來者的新紀錄。

坐在我身邊的蕭醫師，則是全能型的獸醫師，原本在臺大獸醫任教，後來搬回桃園龍潭定居，過自己的小日子。早上在乳牛場，下午在馬場，晚上回到動物醫院做狗貓醫療的工作，數十年下來，在獸醫的每個領域不斷精進、琢磨。工作之外，他也持續著登山的自主訓練，征服過七成的臺灣百岳。更曾花費二十多天，到喜馬拉雅山主峰基地營，一圓自己作為登山愛好者的夢。

不管是蕭醫師或是師母，只要下定決心，就會盡全力做到最極致。如此認真用心經營自己生活的人，令我欽佩。

吃完生魚片、又被留下來喝下午茶的我，聽蕭醫師聊著不同大動物在他身上留下各種抓、踹、咬的傷痕。每一個故事都如此生動有趣，讓我想起英國七〇年代的大動物獸醫師吉米．哈利，那是我非常喜愛、帶有牧草氣息的文學作家。

原來在臺灣，真的有人過著這種我嚮往已久的農村生活，還活生生地在我面前，與我相談甚歡。

突然，我想起幾百公尺之外，還等在便利商店門口的爸媽。

看了看錶，已經下午五點。

碩士班最重要的事

上一次和蕭醫師見面已是一年前，期間除了將他借給我的參考資料用包裹寄回桃園歸還，我們沒有任何聯繫。後來，我幸運地考上了臺大的獸醫所碩士班。

在臺大遇見 Vincent 教授，他從美國頂尖的獸醫學院畢業，取得博士學位後直接任教，是我們這一行難得一見的鬼才，同時也是在臺灣少數可以教授大動物學科的專家。這次從美國回來，只在臺大任教兩年，就準備回美國伊利諾州。我正逢其時，有幸成為這位指導教授的關門弟子。

由於考進研究所的組別是基礎研究組，但對於職涯選擇，我一心想專攻的是大動物臨床治療，與研究所學生普遍會往教職或學術研究發展的主流規畫並不同。因此，尋找能夠帶我參與牧場最前線醫療工作的前輩，對我來說是最重要的事。

四處詢問，仍然沒有結果。碩士生活結束在即，我剩下的時間愈來愈少，距離成為心目中合格的大動物獸醫師，真的只差臨門一腳——牧場的現場實習經驗累積。

我主動找 Vincent 教授談話。

「阿嘉，這裡畢竟是學術研究居多，我們能夠幫上你的地方確實有限。」

平時總對我照顧有加的教授，此時露出了為難的神情。

「老師，那請問這一年，我可以跟著業界人士實習嗎？我認識一位蕭火城醫師，他是大動物獸醫專業。」

「可以，只要你聯繫得上就沒問題。我樂觀其成。」

走出辦公室，偶然經過系館的布告欄，發現蕭火城醫師幾天後會來到臺大演講。太扯了！這是命運的安排，我有機會當面詢問蕭醫師了！

在那場講座中，我魂不守舍，一直在思考待會兒如何開口。活動結束，我心神不寧地在系館門口躊躇。見人高馬大的蕭醫師從容地走出來，我陪他前往停車的地方。這短短十分鐘的步行距離，可能是我人生目前最重要的轉捩點。

「蕭醫師，您好！我是阿嘉，好久不見！您記得我嗎？我之前在您家待上了快一整天……」

「嗨，阿嘉。當然啊！我記得你。」

寒暄了一陣，蕭醫師的笑聲依舊爽朗。只是一聽到我的實習請求，蕭醫師突然面色凝重了起來。

「哎呀，不方便啦……我現在沒有在帶學生了。」

蕭醫師委婉地拒絕。

「但是，醫師，如果沒有臨床經驗，我的經歷無法累積，以前學的東西就會沒有用……拜託，我真的盡量不造成您的麻煩……」

口中說著「不造成你的麻煩」，然而那時的我正是個「極度麻煩」的人。如果我是蕭醫師，遇上這種蠻纏學生，大概也會嫌棄吧！但我無路可退，只能繼續拜託。

「阿嘉，我已經答應師母不再帶任何學生了。我真的已經退休了……我稍後還要再趕去馬場，如果你沒有別的事的話……」

「蕭醫師，今天才週五，能不能麻煩您和師母再討論一下，我幾天後，週日晚上給您個電話。如果您們討論後真的不方便，請那時再回絕我，好嗎？」

「嗯。」

蕭醫師拍拍我的肩，沒有明確答應或是不答應，關上車門，揮了揮手，便發動引擎，迅速開出停車場。我心裡很不安，剛剛這樣的請求是否太過唐突而冒犯了醫師？恐怕機會不大了。

一線曙光

週日晚上，我內心深感抱歉，但也真的沒其他辦法，忐忑地撥了蕭醫師的電話。

「喂？」

「喂，蕭醫師嗎？我是阿嘉。」

「嗯，我知道。」

「我想再確認一下，後來那件事……您和師母討論得還好嗎？」

「那個啊……有啊，我們有討論。我們覺得……哎呀，我已經退休了，可能還是不適合啦。你還是另外找別的實習機會吧……」

「所以，還是不方便嗎？」

「對呀，每個人都有自己適合發展的方式。」

講了快半小時的電話，還在持續煩蕭醫師，連自己都覺得怎麼可以這麼煩。最後真的沒招了，我心想，如果這是最後一通電話，我至少需要知道接下來應該怎麼做。

「蕭醫師，好的，我明白，我想應該就只能這樣子了……我依然很感謝您願意接我這通電話。」

「嗯。」

「做大動物對我來說是很重要的事情，大四時，我就已經決定要成為這樣的獸醫師。雖然有參與學校的出診團隊，但這些經歷都是不完整的，若念研究所的過程又沒能到牧場磨練臨床技術，我還是無法成為一位合格的職業大動物獸醫師。我想向您請教，如果真的不能收我，能不能至少教我現在該怎麼做？實在不知道有哪些路可以讓我完成這樣的學習，真的沒辦法了，請您指引。」

蕭醫師陷入很長的沉默。

「阿嘉，希望你可以理解，這個不像是伴侶動物獸醫師的訓練，有住院醫師的制度，可以在醫院裡自己練習，或是有很多醫生可以輪班教學。你選擇的是大動物這個領域，需要一直跟在我身邊。不論我要去任何地方，做任何事，見任何人，更不論你想或不想。我們這一行，生活與工作是綁在一起的。我必須承認，我無法隨時照顧你的需要……」

「蕭醫師，我完全能理解，我也覺得讓您的私生活不受干擾很重要。有沒有可能就實習的這段時間，我會自己開車，我們就約在您準備看診的地點，好嗎？我每次都自己過去，跟診完畢後就自己離開。我會努力，盡量不造成您困擾，把您的不便降到最低，您依然可以保持原本的生活，好嗎？拜託您！」

蕭醫師沒有再說一句話。

我心想，可能他真的暴怒了，也可能他動搖了，或可能他在想要不要直接乾脆掛掉我的電話。畢竟，面對這種聽不懂人話的學生，多說已無益。

「阿嘉……明天早上七點，我在楊梅有個牧場要服務。寫下來，我給你地址。」

蕭醫師終於開口。

「好的，醫師，我會自己過去。」

「提醒你，這裡很偏遠喔！」

蕭醫師鉅細靡遺地說明路程。牧場都是在很隱蔽、不易導航的路上，我印象很深刻，那條路就叫「牲牲路」。

「沒問題，我明天一定準時到。」

終於，我們結束了這次通話。已經晚上九點多，還沒張羅雨鞋和工作服，我的心卻澎湃不已。

冷靜回想，蕭醫師這通電話沒有明確拒絕，也沒有正面答應願意讓我過去實習。我只知道，明天早上七點前，我需要想辦法讓自己準時抵達牧場。

就算這只是一場測試，我也只剩這次機會，且不容許任何差錯。

沒有明說的實習

幾乎一夜難眠，我提早了將近一小時，到達蕭醫師說的牧場。

七點整，蕭醫師果然準時現身。見到我，點點頭，拍了我的肩，便直接開始獸醫工作。我趕忙跟在他後頭。這一天，他沒有說太多話。

不知不覺，一天便結束。

蕭醫師示意我到牛舍旁邊的小水管處，沖洗自己。「保持乾淨」是他對自己最基本的要求。留著平頭的他，會迅速將全身梳洗完畢，擦乾，換上有領的襯衫，抹上一點古龍水，搭配合身的牛仔褲和休閒皮鞋。

他拿出一把專用的刷子，把輪胎上的牧草清理乾淨，也將所有醫療工具一一清洗消毒，分類完畢。再一邊與酪農有說有笑，一邊把車上的牧草、灰塵全部擦掉。處理乾淨後，才准許自己上車。

這車內的氣味，讓人完全猜不出來車主是一位大動物獸醫師。因為車毯、腳踏墊等，完全沒有任何牛糞、牧草的味道。

我仔細觀察蕭醫師，他俐落又專業，在農友眼中更是親切又幽默。不只能夠用流利的臺語輪播各種笑話，甚至還會變魔術給酪農家庭看，逗得他們樂不可支。酪農的工作是常態、固定的，我覺得蕭醫師相當稱職地扮演了農友生活中的安全感來源與歡樂角色。

我也想起來，以前在課堂上，蕭醫師總能深入淺出地分享許多醫療案例，並且活靈活現地扮演牛隻與醫師的互動情形。原來從教學場域到真實的牧場，都是一樣的。哪邊有蕭醫師，哪邊就有源源不絕的笑聲。

在我看來，蕭醫師喜歡與人相處，更發自內心地喜歡自己的這份工作。面對我們這些後輩，他從不以師傅、老師自居，反而待我如平輩，耐心地傾聽我說話。在牧場裡，他對我不藏私地傾囊相授，不僅是我大動物獸醫之路上的良師，也是我人生旅途中的益友。

蕭醫師讓我學到——既專業又親和，這兩件事完全不衝突。

「阿嘉，我準備走了。下週同一時間，我也會來這間牧場。」

「好的，沒問題。」

蕭醫師對我揮揮手。倒車，轉彎，迅速駛離了牧場。

我愣在原地。這樣是不是表示「龔建嘉，你錄取了」？

他沒有真的答應我什麼，也沒有表明拒絕，只是又一次地向我透露了下回的行程而已。

回到臺北，幾經思索，為了方便跟診，我決定直接貸款買一部二手車。讓蕭醫師保有原先的生活步調，無需擔心我的狀況。能在醫療現場跟診，已經是他非常大的讓步，他還不只是讓我用眼睛看，有時甚至給我雙手實作的機會。

過了一星期，蕭醫師又俐落地盥洗，整理好衣物，收拾完器具，擦好了車子。

「阿嘉，往後每週一，我都會來這間牧場。你會想來嗎？」

「當然，沒問題。謝謝您！」

每週一，我成為來這間牧場跟診的固定班底。

幾個月後的一天，離開前，他說了一句以前從未講過的話。

「阿嘉，每週二的這個時間，我會去另一間在新竹的牧場。有沒有興趣？」

「沒問題，謝謝蕭醫師！」

當然，我怎麼可能放過這樣的機會。

就在某一個週二下午，蕭醫師一邊盥洗，一邊開口。

「嘿，阿嘉！我週三要去一個馬場，看你有沒有興趣一起來？」

「好好好！當然好！」

我依然開著自己的車，到蕭醫師工作的地點，與他會合。我想他應該有感受到我是真的很想成為大動物獸醫師，不是說說而已。

在陪同蕭醫師看診的日子裡，他才坦白道，碰過太多口口聲聲說要成為大動物獸醫師、卻沒能撐過實習的年輕人。起初，熱心的他希望幫這群年輕學生創造機會，後來有人遲到，有人來到牧場繼續滑自己的手機。他的內心深處早已從雀躍到麻痺。

心灰意冷，於是和師母達成「不再帶任何實習生」的協議。反正年紀也已接近退休，蕭醫師不打算再用自己的生活，交換學生的學習機會。

還記得一開始，蕭醫師帶我去到不同牧場時，都是這樣介紹我的：「這位是龔建嘉，他說他要做大動物醫生啦！」

酪農瞥過一眼，沒有明講，但我讀得出來，那意思是：「我們來看看這一次，這位年輕人可以撐多久。」

直到一年後，某次在牛舍後面盥洗，無意間聽到蕭醫師再度介紹我。那時，他說的已經不再一樣了。

「他是龔建嘉，是非常優秀的年輕人，他以後要做大動物獸醫，你們之後一定要支持他。」

類似的話語，我聽到不只一次。對於我即將結束實習、不在他身邊的日子，他真心希望能夠幫我創造更多機會。

一直以來，我從沒告訴過蕭醫師，每當我創業或是工作上遇到困難，只要回想他當時說的這些話，就能帶給我繼續走下去的力量。

走一條自己的路

退伍前，我寫了一封長長的信給蕭醫師。

「跟著師傅出診的這幾年來，去了太多不同的牧場，也看到形形色色的馬主和酪農，才知道臺灣的馬匹因為數量不多，一直沒有很好的醫療中心，尤其有愈來愈多年事已高的馬，是養在馬術中心，這些動物在年紀大後，會更需要醫療的支持，卻在醫療和照顧資源上面，無法完全符合養老的需求……」

信件中，寫下原本要和蕭醫師一起建立一個老馬養老中心的願景，卻因退伍前遇上金融海嘯，原本支持這計畫的馬主決定暫緩，而我也必須進入職場，踏入大動物獸醫之路。我決定到臺南落腳，那是飼養乳牛較多的地方。希望用自己的眼光來認識這些酪農，來體驗我所嚮往的生活。

往後的我常常這麼說：「我此生獲得過，最珍貴的東西，叫機會。」

謝謝蕭醫師，帶我走過這些大動物獸醫該學習的歷程。

接下來，就是我的事了。

第一戰

「來，這位是阿嘉。他是乳牛獸醫師喔，真的有牌的喔！」

第一份工作的老闆，極力向酪農推銷著。

「喔，好，很高興認識你。」

酪農大哥看了我一眼。

到了另一間牧場，老闆持續將我兜售出去。

「欸，如果你們的牛有需要看病，以後可以找這位年輕人。他很不錯。」

「嘿！阿嘉，哩賀。」

一個農友回話。

熱心的老闆四處幫我遞名片，把我介紹給酪農，但很現實的，回到當時在臺南白

河的單人宿舍，我從來沒有接過任何一通問診電話。

被忽略的滋味

畢業後的第一份工作，我並未馬上以「大動物獸醫師」的身分「出道」，而是在一家賣乳牛營養品的公司任職，和全臺灣的業務人員在不同牧場擔任推廣產品與服務的技術人員。

因為，即使已考取到獸醫師執照，想真的幫牛看病，可沒那麼容易。

既有的本土酪農，大多是由代代相傳的家庭接班飼養，而非企業公事公辦治理的模式。養牛多年，他們早已經有長期配合的固定獸醫師，就像家庭醫師一樣，彼此有著深厚的信任與關係。換言之，如果你還是菜鳥，他們大多不會敞開牧場大門，讓你有自由看診的機會。

矛盾的地方就在此。年輕獸醫師沒有機會看診，就缺乏臨床的診斷經驗，無法從中學習；愈沒有實戰的試煉，就愈沒有勇氣在緊急的壓力下動刀；愈不理解曾經在書上學過的外科技術，就愈不明白自己應該怎樣精進。偏偏學校因為場域不足，沒有辦法承擔培養技術成熟獸醫的空間，甚至造成日復一日的惡性循環——酪農覺得年輕的乳牛獸醫師不值得信賴，無法託付重任。

縱然本土酪農業的獸醫資源已缺乏多年，老獸醫師們也必須服氣於時間巨輪下，逐漸從崗位上陸續退役。但是農友「不要在我們這邊練功，最好直接是即戰力」的人才培育觀念，一直充斥在我的生涯初期，畢竟每隻牛都是動輒十萬元的價值，當然不能開玩笑。

擁有著獸醫執照的我，並不是在各個牧場進行醫療服務，而是每天穿戴整齊地開著車，與老闆兩人四處推廣乳牛的營養品，用獸醫師的立場向酪農說明產品功效。

像這樣的獸醫之路，走過的人為數不少。業務推廣幾乎成為了主業，醫療服務是支線。帶我走進這一行的蕭醫師對於這個運作模式覺得十分可惜，他認為獸醫師是手心向下的工作，醫生的任務該是給予，而不是手心向上，需要索取。

這是美好的理想。但需要醫療即戰力的酪農，誰會想給一位年輕的大動物獸醫師這種機會呢？

我的第一個老闆是業務出身，雖然不是獸醫專業，思想卻很開放。他並不反對我為酪農提供醫療服務，反而看成額外提供給客戶的禮物。因為他知道獸醫這種工作非常講究累積，覺得這樣也不錯，沒有必要阻止。

只是，農友還是習慣以不失禮貌的微笑，面對他熱情洋溢的介紹。

我，混得下去嗎？

座落在白河稻田間的單人套房，方圓一公里內，沒有其他住家，是公司的員工宿舍。大部分的時間，我都一個人住在裡面，晚上回去時完全沒有路燈，需要把手機的手電筒打開，因為小徑上什麼動物都可能出現，蛇、鳥、蟾蜍、野狗等都是常客，還記得某個颱風天過後，一隻白鷺鷥就在我的房間門口等待天晴。

房間雖然不大，但生態很豐富，好幾次巨大的螞蟻在窗邊築窩，讓我不得不把所有的東西清掉；多隻吃得飽飽的壁虎整晚唱歌，陪伴我的鄉間生活。從臺北到鄉間，比想像中更愜意，也能與自然為伍。

「你大部分時間都在跑牧場，卻沒有在幫牛看診，和你想像的大動物工作會不會差太多？」

當時還是女朋友的庭瑄，週末時間偶爾會來白河陪我。

「這也沒辦法，老闆是說先建立酪農的信任，以及牧場的熟悉度，相信之後就會開始有醫療的工作啦！」

庭瑄看了看我，知道我沒有想要放棄的意思，貼心但有些擔心地不說話。很久以後才知道，她擔心我對於工作沒有成就感，總是刻意不去提她家人和其他朋友相對穩定又收入優渥的工作狀況，怕造成額外的壓力。
在日夜溫差大的白河，沒有關上窗的晚上，稍稍有些冷。
「不論你想做什麼，我都會支持你。」
庭瑄這句話是真的，她是新竹人，原是工作穩定的藥師。幾年後，我開始創業，她也離開了原本大醫院的工作，陪我一同搬到後來居住的雲林生活。
大動物獸醫在被信任前，是很孤獨的過程，一個人住，一個人出診，一個人面對生活。而在這片段日常中，有人在乎，是重要的支持力量。
回頭看放在餐桌上的手機，它始終沒有響。
「他是龔建嘉，是非常優秀的年輕人，他以後要做大動物獸醫，你們之後一定要支持他。」
每當我徬徨無助時，我總回想著我的恩師蕭火城醫師熱切的話語，只要有人深信我是個大動物獸醫師，我就能撐過這些孤寂脆弱的夜晚。

哞哞，站起來！

「多久沒站起來了？」

「三天了吧，好像。」

那一日早晨，我和老闆經過一間牧場，看到一位乳牛獸醫師蹲在牧場聽診，仔細地做著乳牛的理學檢查——量體溫、聽心跳、確認外觀有沒有特別的異常。

「應該是沒辦法了……」

當這句話是既成事實，酪農嘆了一口氣，對六十公尺外的家人揮了揮手，打了暗號，示意他們撥通電話，請人來協助把乳牛載走。

「乳牛站不站得起來」這件事情，在牧場的醫療上，是一個關鍵的判斷指標。外人可能很難想像，僅僅是站立，發生在乳牛與發生在狗貓身上，是有極大差異的。狗、貓就算有一隻腳無法行動，還是可以繼續生活，但乳牛的體型龐大，平均體重高達六百公斤，只要有一隻腳受傷導致不能再支撐，或因其他緣故無法站立，那就必須面臨淘汰的命運。

剛分娩後的母牛特別容易發生這樣的狀況，有五、六十種不同的原因都可能造成此結果，從神經性的壓迫、營養性的乳熱[5]，到產後造成的代謝失衡、子宮炎、乳房炎等，極其複雜，再加上通常不是單一因素所致，我們稱這種無法站立的情況為「倒臥母牛症候群」。想要準確判斷，只能細心地用排除法，慢慢找出病症源頭。

一般乳牛獸醫師遇到這種情況，有時需要賭一把，比如用雞尾酒療法，將各種藥物交替混合當標靶，看能不能正中目標。若乳牛真的恢復體力站起來，實屬萬幸。

一頭乳牛，從出生開始，要養到兩年半才能產乳，還沒開始收乳前的時間都是投資。每隻乳牛，都是酪農對於未來的期待，因此，要送走一隻乳牛，對於任何酪農家庭而言，都是需要慎重考慮的重大決定。

而我眼前的這隻乳牛，是頭一次分娩的初產母牛，甚至尚未開始泌乳，在做完各種檢查與治療後，還是無法站起來，看來只能被送離牧場。

遙望遠方，要來載牠的大卡車，正緩緩駛近。

我只是站著，自問：「會不會有一天，我也必須面臨這樣的抉擇？」

相信我一次

又一天傍晚，我和老闆來到了雲林崙背的許慶良牧場。

酪農業與其他產業相同，都是江湖。有頂尖的資優生、中庸者，也有得過且過、

註5——乳熱又稱為產後麻痺（parturient paresis）或低血鈣症（hypocalcemia），是因為產後短時間體內鈣離子的消耗與需求不平衡所致，會造成牛或羊隻起立不能。由於本病常發生在高產乳牛或生犢之後，故稱為乳熱。

無心戀棧的農友，形形色色，一樣米養百樣人。

許慶良與王賴是一對總笑臉迎人的老夫妻，他倆養牛的資歷長，牛養得好，乳品質也好，是在地頗受敬重的酪農戶。當年還沒有動物科學系，獸醫也還沒有執照系統，許慶良自畜牧獸醫專科畢業，集飼養和醫療知識於一身，因此，周圍同行遇到一些養牛的問題，有時也會登門請教。

只是那天特別奇怪，當我們到訪時，夫妻倆臉上的笑容不見了。眉頭深鎖著，不發一語。

王賴一直記得我是獸醫師，便語帶憂愁地小聲問我，今天不知道有沒有時間，能不能在牧場多待一下。

「怎麼了？」

夫妻倆拖著沉重的步伐，領我到後面的牛舍。

一隻乳牛躺臥在角落。

我瞬間意識到他們滿面憂愁的原因。

許慶良對我說，這隻乳牛已經至少一週站不起來，附近的獸醫師將能做的全都做了，吃藥、打針、點滴、等待復原，能給的時間也都給了。

這在其他牧場，已經可預見這隻乳牛將臨的命運，但是，這對夫妻依舊不想要認輸，不輕言放棄。

「阿嘉，我應該要再給牠一次機會。」

「阿嘉，你是獸醫……要不要順便看一看啊？」

王賴看了一下許慶良，又看看我。那一刻，從夫妻倆的眼神，我知道這不是出考題，也不帶有任何揶揄的成分。用臺語來說，這叫「懵問」，問了不吃虧，但大家心底也清楚，無法抱有任何期待。有任何出乎意料的結果，都算是賺到。

他們凝望著我。

「嗯……先……先給我幾分鐘，好嗎？」

我走回停車處，打開後車廂，盤點搬來南部後鮮少啟用的醫療器材。擦拭、挑選後，再裝進醫療包。一次又一次地深呼吸，才走回那個牛舍的角落。

蹲下身，做完基本的診療，沒有發燒、心跳呼吸頻率正常、食欲沒問題、糞便性狀良好、精神並不算太差。我初步判斷，大概能夠從五十多種疾病，刪除到剩幾種可能性。在有限的資訊下認定，應該是神經性的原因，但難以給予明確的診斷。

那隻躺臥的乳牛，仍然雙眼無神，盯著走來走去的我。

「水針，是在穴道中打入特定液體，長效釋放或壓迫這個穴道，提供刺激。」

蕭醫師的聲音突然喚醒了我。

我的手，立刻熟練地挑出了一整排器材。

久違地在乳牛的脊椎附近摸來摸去。像是碩士期間跟著蕭醫師出診時，第一萬零一次做這件事情一般。

「阿嘉，你在……」

「來，試試看。我們來幫牠針灸。」

「針灸?!」

一般的酪農對這件事完全陌生，會使用這些技法的獸醫師也不算太多。許慶良夫妻不可置信地看著我，陷入沉默。

然而，因為他們沒有阻止，我也決定繼續專心做好我的事。

「注意這邊。脊椎和髖骨間的百會穴，還有大跨、小跨附近的穴位，打上藥劑、營養補充劑……放慢，對，不要急。」

腦袋裡，蕭醫師的聲音伴隨我觀察乳牛的呼吸起伏。我挑了幾個掌管後驅神經的穴道，在那些穴位上，一一打下扎實的水針。

現在想起來，當時的畫面應該極為衝突吧！一位二十六歲的年輕乳牛獸醫師，用著最老派的醫療方式，找尋微乎其微的機會，拯救一對酪農長輩的乳牛。

他們的家人都來到了旁邊，大家靜靜地看著我。剎那間，牧場只剩我一舉一動所造成的聲響。

考慮陰陽五行的針灸，並不像藥理學那樣，有非常明確的檢查作用時間，讓外界得以立刻評估。這種刺激神經的機制，需要的時間通常較漫長，效果也會因受診動物而異。

以前陪蕭醫師巡診不同牧場，針灸治療通常用於馬的運動傷害，作為長期保養。像這樣針對緊急且重大的疾病，我其實也不敢保證成功機率。沒有哪一位中獸醫師真的拿捏神準，敢大膽預言是否管用，或能精確說出多久後會有療效。

我的掌心全是汗。

抽出作為水針佐劑使用的B群和消炎藥，深度適中地插入穴道，搭配捻針來增加刺激，在牧場來回弄了三十分鐘，汗水浸溼了身上的衣服。可能是因為出力，也可能是因為緊張。

看著我的每雙眼神，似乎有些疑惑，又非常認真。眾人不發一語。

這是他們第一次看到──原來牛也可以被針灸。

「好，先這樣放著。因為這需要等待時間，我們再觀察看看。」

開口說了第一句話，我意識到自己的咽喉原來已如此乾澀。

「好，那……我們一起回去客廳……來來來。」

許慶良夫妻帶我回到牛舍旁邊的住家。

我癱坐在沙發上，盯著牆上的時鐘。秒針滴答滴答的聲響，彷彿穿刺進我一節一節的脊椎。

「來，喝茶……辛苦了，喝茶……」

一杯熱茶遞到我的面前，我有些僵硬地微笑坐著，無意識地搓著手，真的好希望能夠讓這頭牛站起來啊！看著眼前仍有些擔憂、但試圖讓氣氛更輕鬆些的這對夫妻，只覺得自己的喉頭愈喝愈渴。我盡可能保持平靜，就讓剛剛的醫療順其自然，也許明天可以再來看看效果。

天色漸暗，不知道過了多久，剛剛站在柵欄旁的牧場兒子，突然興奮地跑進來客廳，高聲喊叫。

「欸，爸！快點，你們趕快來看！」

我看了看錶，才過十五分鐘。走過那個轉角，回到那間牛舍前，我吞了吞口水，屏住呼吸。

望著眼前的景象，全部的人都直挺挺地站在原地，臉上綻放出笑容——剛剛那隻乳牛已不再躺臥，牠站了起來，凝望著我們。

「水針有用了！這隻牛不用被淘汰！」

秒針的齒輪在這一刻，彷彿暫停。

接下來的很長一段時間，這對酪農夫妻遇到農友閒聊時，總會說他們從沒想過，複雜的倒臥疾病，卻能用傳統的方式重新讓乳牛站起來。

「我告訴你們，以後啊，我們這些人，真的要給年輕人機會！你看，我們今天保住了這隻牛！」

「對！這是我們從來沒想過的。真的要試著相信年輕人！」

那日晚間九點，與酪農道別後，我拖著疲憊且興奮的身軀，鑽進駕駛座。

「真的像做夢一樣。曾經期盼的這一切，就要從今天開始了嗎？」

我的雙手握著方向盤。

呼。

「龔建嘉，準備好了嗎？你真的能夠承接得住嗎？」

牧場的蟲鳴依舊高亢。

抬起頭，黑色的天，月半彎。

輯二

那些動物，那些人

獸醫師這種工作，
確實存在著一種魔力。
針對不同的醫療動物選擇，
就像是選擇不同的生活型態，
發現自己真的喜歡鄉村的生活方式。

我與酪農的距離

「欸，看你和酪農互動的樣子，讓我很羡慕耶！」

一位難得來雲林找我的臺北朋友對我說。

「什麼？」

「感覺你一直很知道怎麼與人交際。」

哎呀，誤會大了。成為獸醫前的我，可能完全不是他想像的那樣子。

截然不同的生活

身為一位土生土長的臺北人，原來的我，如同多數都市人的性格——禮貌、謹

慎，與陌生人總是保持一定距離。

經驗告訴我，臺北人所謂的「有機會來我家坐坐」，多是行禮如儀的客套之詞。大家平時很關注自己的生活領域，不會過多干涉別人的世界。而在農村，這句話的意思就是字面上的意思，不是客套，也不是說說，是真的發自內心邀請：「沒事就來我家坐坐。」

農村群體生活所在意的事情，與城市思維是截然不同的。

從小，我所受的家庭教育是「不要和陌生人講話」、「不要隨便接受陌生人的幫助」，然而鄉下的鄰里之間，幾乎都是彼此認識、會互相打招呼的關係。如果不常和鄰里交流，反而無法形成互相保護的支持系統。在農村，哪家小孩走丟了，若是大家不認識，怎麼幫忙關注？阿姨叔叔總是會在路上和附近的小孩打招呼，催促現在時間太晚了，該回家去。

沒有體驗過這種生活方式的我，總感到新奇。

回想開始踏入這個產業時，我一直是個慢熟、不太知道如何與人交流的人。在一個公開場合，如果沒有一定需要完成的任務、目標，我習慣安靜地待在角落，這令我感覺安心自在。

跑牧場的業務

剛考到獸醫師執照時，我並非直接開始在各牧場進行巡診醫療工作，而是先在一間販售乳牛營養品的公司擔任業務代表，這也是年輕獸醫接觸畜牧產業的普遍方式。

領我做這行的主管，熱絡地介紹我出場。

「這是阿嘉，我們公司的新人，之後會跟著我。」

我害臊地與大家點頭致意。

「對了，阿嘉不只是業務，他是臺大畢業的獸醫哦！你們有診療上的需求，也可以找他。」

主管為我的獸醫身分掛保證，希望能為我的大動物獸醫之路幫點忙。

「臺大畢業的獸醫？這麼優秀！」

「當然囉，我們現在都是『買飼料送醫療』啦！」

主管說完話，爽朗地拍拍我的肩。酪農大嫂咯咯笑，我順勢彎腰遞名片。

有乳牛獸醫師加入團隊，對於乳牛營養品公司來說，在專業形象上多少也有加分作用。但幾年後和酪農更熟悉了，才了解原來「臺大」背後代表的多半是與現場工作脫節的意思，且臺語的「臺大」念起來就像「呆呆」，大概也是普遍從農工作者對於臺大的印象。

既然擔任業務，就是要勤奮跑牧場，了解不同牧場現階段各自的需求。工作內容往往是開一整天的車，隨著時光流逝，到天色漸暗。一天下來，也未必有任何一筆訂單成交。那種感覺，令人沮喪。

畢竟研究所的生活，我只有在北部的牧場待過，中南部的酪農戶幾乎沒去。此刻走進牧場集中的酪農區，總是人生地不熟，與人互動時，仍保持著大部分都市人較被動慢熟的屬性。在人際活絡的場合中，我不太知道該如何向農友搭話，有時候連雙手要往哪裡擺都不太確定。他們以為我憨直，我實則尷尬。

在拜訪過程中，若幸運地被邀請入門，在農家的客廳一起泡茶，我總告訴自己，就算無法參與交談，待在這個空間就是「坐擁無限可能」，一定要認真聽他們與朋友聊天的內容。因此，我提醒自己要好好練習當一位聆聽者。

在當時，眾人交談之際，我很少主動發言，僅僅聽著牛話、行話充斥在客廳的空氣中。被用臺語開玩笑，經常也只能乾笑帶過，無法用酪農們熟悉的語言回應什麼詼諧幽默、令人會心一笑的答案。因為臺語是我當時的弱項，蹩腳的口音總是被農友取笑或糾正。也是從那一刻起，我才體會到——在牧場，臺語比英文重要一百萬倍。

來自臺北市的我，對這件事的體認實在太晚。畢竟在求學過程中，英文的重要性總是不斷被強調，似乎沒有學好英文就無法在這世界上發揮所長。而面對臺語又是另一種新的適應，可從來沒有人對我們這群想進牧場工作的獸醫預備生當頭棒喝：「臺語講不好還想做乳牛獸醫這一行？你獸醫執照是考身體健康的嗎？」

總之，剛踏入酪農圈的初期，時常感到自身能力的貧乏。後來也明白，不只學語言，其實「聊天」也是一種技能，需要勤加練習。在獸醫學院的五年，我們這群獸醫系學生受了各式各樣的醫療訓練，難產、蹄病、乳房炎、繁殖困難，也有許多外科處置，但就是不包括更深刻的人際互動——而這些，偏偏是進到酪農業第一現場最需要的能力。

猶記畢業前，有一些學長姐回來分享，說獸醫師最後是否能成功的關鍵是「開業術」，畢竟在小動物醫院，能否順利治療動物是一回事，讓畜主放心、安心更是不容易。有的獸醫能做到即使動物治療後死亡，畜主仍鞠躬道謝，甚至心境坦然，對於醫療費用也心甘情願地買單。不過也有手術明明成功，卻因為醫療糾紛，鬧到網路上人盡皆知的事情。這些與所謂「開業術」有關的故事，當時聽聽，只覺得是存在於小動物獸醫的業態，沒想到大動物獸醫也與之有關。

這是從學院實際跨進產業時，我所遇到最衝突的事情。要在江湖生存，只靠學校教的東西，遠遠不夠。

家庭醫師的日常

一個冷氣壞掉的臺南夏日，悶熱的客廳中，只有兩具搖頭晃腦的電扇辛勤工作，嘗試蒸散我們淋漓的汗水。

我聽著酪農聊天。那張主人椅旁邊，有時是鄰居，有時是朋友。當然，有的時候也是產業中其他的業務代表。這是酪農忙完牧場農活後的日常。

我始終不擅長扮演太過熱情的角色，唯有聽到酪農提出需求，希望我提供醫療相關的見解，才會謹慎地開口。儘管鮮少發言，但我很珍惜每一次與酪農相處的機會，在拜訪過一百多戶牧場後，也留意到各個牧場不同時間區段的生活習慣，並整理出最適合拜訪的時間。

有一間牧場，孝順的大哥固定要開車去隔壁村照顧患有慢性病的爸爸，因此家裡較習慣在午飯後接待客人，這個時間以外，盡量別去打擾。另一間牧場的酪農大哥，每天早上七點左右會開車送女兒去學校，所以客廳沒人，平時要找人最好找大嫂。也要記得，大嫂最愛的微冰半糖奶茶一定要加椰果或粉圓，因為忙農活，她專喝有咀嚼感的飲料。

我習慣把這些細節做成標籤筆記，一份電子，一份紙本。如實寫下每次拜訪的時間、內容，與我能夠盡力的待辦事項，並且隨時複習。每次回訪前，只要快速瀏覽，就可以清楚回憶起上次的談話進度。下次再登門，才不至於毫無準備。

除了噓寒問暖的小點心，也要展現專業的文件，作為用心的憑據。

「大嫂，你們上次提到的狀況，我查到了。這是小牛下痢的幾種可能性，治療和預防的方式都附在裡面。這些資料就留給你們參考，希望幫得上忙。」

對我而言，能夠先解決酪農提出的困擾，始終比銷售掉公事包裡目錄本的產品還要急迫。或許正因為這一點，讓幾位酪農對我這位還說著一口破臺語的年輕獸醫師留下了印象。他們發現，隨口聊聊的話，我一直默默地收在心裡。

大半年不斷地穿梭在不同的牧場，每天可能有三、四組人馬在客廳來來去去。我逐漸勾勒出來，這個產業有一種看不見卻實際存在的邊界，叫「信任圈」。

酪農一向沒有需要認識新朋友的迫切性，尤其如果知道你是新來者，不是他熟識多年的朋友，就算你講的都是真理，他還是只相信他認識五年以上的人。又若是牽涉到牧場醫療、營養的重大決策，一位與酪農家庭結識二十多年的老獸醫師，只消一句話，遠比從大都會地區帶著一本本實驗報告、國外期刊、最新研究論文的權威人士，跋山涉水來到酪農家門前提出肺腑建言，更具說服力。

農友沒有對圈外人明講的真相是：「你的東西很好，但那是加分題。前提是我必須信任你。如果我不信任你，你講再多，我其實都不會考慮。」

穿襯衫等於專業？

作為一隻業務菜鳥，當時的我不太敢忤逆主管「身為業務，要有專業形象」的囑咐，每天都穿著乾淨的襯衫，配上一雙擦得發亮的皮鞋，在不同牧場之間穿梭。看似光鮮亮麗，心底卻覺得困窘，且酪農應該覺得我是從另一個時空來的旅人吧！因為我是唯一這樣穿的人，在牧場這般環境生活的人都穿著輕鬆，一件T恤配上運動褲是常見的打扮，腳踩雨鞋或拖鞋才是「在地仔」的展現。

投入這樣的環境，起頭總是艱辛。我承認自己不是個擅長做陌生開發的業務。拜訪牧場主人前，仍克制不住內心的惶恐。我躊躇在陌生牧場的大門口，自問自答，該不該進去、什麼時候進去、進去後要用什麼語氣開場，以及如果被冷眼以對，又該說些什麼打圓場。

只是有時，一整天跑了六、七間牧場，還是沒有一位酪農讓我進去他們的牧場。在門口就被禮貌性地打發，連多講幾句話的機會都沒有。

還記得有一次，來到雲林崙背鄉的一間牧場。

「你好，我是獸醫阿嘉。我找蔡大哥。」

一位皮膚黝黑的男子經過，看起來是住在牧場的長工。聽完我的問話，立刻露出微笑，對我搖搖手。

「喔，他今天不在啦！你這個月應該都找不到他。」

過了幾個月後，我才知道，那天回答我的人，正是蔡大哥。說實話，我也不是真的有什麼事情找酪農，只是想要認識他們，了解他們的需求。

終於有一天，我想做出一個不一樣的決定——只要不在主管的視線範圍內，我不想再穿襯衫、皮鞋了。拋開那些「業內常規」，我開始讓自己穿得更貼近牧場一些，更隨性一點。

隨著外在的改變，我的內心也如漣漪般起了變化。幾個月過去，每天在臺語下的苦功開始有了點回報，稍微提升了自信。對於不同酪農區的文化、行話，我也逐漸熟稔，慢慢學習到「讓酪農感到舒服」的相處模式，該是什麼樣子。

我終於想通了。

「你要讓自己長得像農村的人，但也別忘記你最終要成為的，是讓他們能夠將牛隻託付給你的家庭醫生。」這不正是我從蕭醫師身上悟出的道理嗎？蕭醫師每到一間牧場，總會先用一個笑話作為開場白，讓輕鬆家常的氣氛成為當日的主軸。他和酪農不只是醫病關係，更是好友。

與蕭醫師相處的時日，我發現，酪農經常一通電話就打給蕭醫師，傾訴他們與孩子相處的苦惱，在客廳泡茶時，也可能會講到親戚、婆媳之間的問題，讓蕭醫師為自己出出點子。家庭醫師真的是從照顧牛隻，到治癒人心。

我覺得能夠在這產業長年站穩腳步的大動物獸醫師，大多有一顆柔軟、願意傾聽的心。

學校沒能教我的，蕭醫師用生命默默為我補了課。

同心圓的祕密

如何判斷眼前這位酪農與你的交情？

若用不科學的方式回答，我想是「看你最終被帶到哪個位置」。

若站在牧場大門口寒暄，講了大概十分鐘左右的話，然後就互道再見。這大概是第一級。

倘若酪農說：「哎呀，這邊太熱（或是太冷）了，我們進牧場聊聊吧。」

隨後，你們漫步在畜舍比較舒服的角落，開始暢談養牛經和這座牧場的歷史。大概成功來到了第二級。

如果你為人可靠，獲得他們的信任，有可能會被邀請去他們的客廳泡茶，並且不是偶然一次。甚或午餐時間到了，酪農問你要不要留步，要你和他們一起吃頓飯。這是第三級。能做到這一步的大動物獸醫師，大多已經和酪農有一定程度的默契了。

還有好幾次，我摸完牛，梳洗完畢，回到車子上時，才發現副駕駛座多了酪農大嫂放置的愛心蔬菜水果，一整串剛從樹上割下來的香蕉、比臉還大上一倍的高麗菜、說不出名字的綜合蔬菜、又大又肥美的木瓜等等，經常豐盛到根本吃不完，也感受到滿滿的溫暖。她們真的神出鬼沒，用她們的方式表達關心。

回想我以前成長的日子，沒幾個外人住過我家的經驗。但在農村，幾個與我感情特別好的酪農家庭常問我要不要待在這裡過夜。某種意義上，大概真的被酪農視為一位「家庭成員」吧！

讓我印象深刻的，是一位臺南的酪農大哥，他甚至幫我在他牧場內安排了一間客房，歡迎我隨時過去。

「阿嘉，以後你如果摸牛，一路從彰化、雲林，摸到我們臺南，先不用開夜車急匆匆趕回家。就直接來這邊好好睡一晚，明天再繼續開車到高雄、屏東工作。這邊有間房，你前一天先打個電話，就會永遠留給你。」

酪農大哥雖然這麼說，我還是半信半疑，不太敢真的打給他，怕把人家的客套話當真，反而出糗。直到有一天，他親自帶我看到了那間布置簡單的小房間，我才恍然明白他的邀請始終真切，反倒是我自己老將他敞開的大門帶上。

那天，我工作完就到這個小房間，洗完澡後，看著牧場的星空。酪農大哥在晚上十一點來牧場最後一次巡牛，我陪著他走牧場一圈，他帶了一瓶飲料給我，吹著夏天夜裡涼涼的風。回到房間後，聞著牧場熟悉的草味，聽著牛偶爾一陣的叫聲，好熟悉的感覺，好像我早就已經是牧場一分子。

也有酪農不只一次對我講過：「哎呀，你下次早點來啦！」或是「你下次要來早點講啦，有好康的報你知。」

後來我勇敢照做了，才發現他們真的是有安排。他們知道我這個都市俗對於在地充滿好奇，但又什麼都沒看過，經常問一些讓他們覺得是基本認知的問題，因此熱心地帶我認識他們的周遭，增加我的「在地常識」。忙完牧場的工作後，他們曾抽空帶我上山，去看季節性出產的龍眼乾是怎麼做出來的。記得那一天接近中午，我們坐在山路邊，和一群果農朋友泡茶，吃現切水果。龍眼烘焙的香氣，在蜿蜒的山路肆意瀰漫。或許，這就是臺語中「客情」的滋味吧。

客情，真的是慢慢累積起來的，它是一種信任的資產。沒有什麼比這個更有成就感了。

豔陽高照的秋日，儘管額上出了薄汗，心底卻是全然地放鬆。

終於不再惶惑，不再悵然若失。

因為我知道，我是一位幸福的大動物獸醫師！

保定巴別塔

「阿嘉，快！別發呆了，莉莉他們快撐不下去了！」

我在哪裡？喔！當時我在屏東實習。一群大三的獸醫菜鳥，正準備幫一隻紅毛猩猩「Q寶」做健康檢查。

回憶一下，我們人類平時是怎麼做健康檢查的？

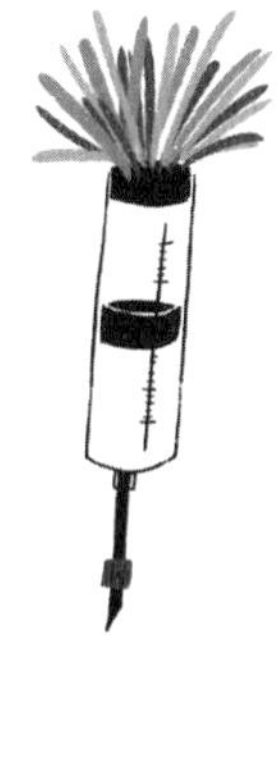

在健檢之前

幾個月前，為了做一次全身性的健康檢查，我需要特別提前安排行事曆。檢查日的前三天，有些預備工作絕對不能缺少，我必須根據一張醫生羅列的清單執行低渣飲食[6]。在健檢日的前一天晚上，還需要喝下調製的瀉藥，等藥效發作，開始解便。一切的努力，都是為了確保直腸盡量淨空，讓醫生檢查順利。

檢查日早上八點，來到檢驗室，挽起袖子，讓護理師抽血。我已經超過十二小時保持禁食狀態，這是為了讓最後那份抽血報告，盡量準確呈現我體內的所有狀態。

回想起來，當醫生列出要求，要我們一一配合，就算不方便，我們也在所不辭。因為知道健康檢查是為了一探身體真實的狀況，結果要盡可能精確，才有預防勝於治療的效果。

但是，動物當然不會知道這些。如果預備過程讓動物感到不適應，又要怎麼樣告訴這隻動物，我們其實想要幫助牠、治療牠，而不是要傷害牠？該怎麼說服牠盡量配合，不讓周圍的醫療人員覺得為難？

南臺灣養老中心

大三的暑假，我在屏東的野生動物收容中心擔任實習獸醫。

野生動物收容中心是什麼機構？其實，它見證了臺灣一段令人難堪的歷史共業。得回到八〇年代，自長輩口中津津樂道「臺灣錢淹腳目」的時代開始說起。

那時，富豪階級展示自己經濟能力的方式之一，就是養幾隻奇特的動物，讓別人知道他的錢包有這個深度。於是臺灣進口走私動物猖獗，每天晚上，新聞總是爆出一樁又一樁查扣的案件。

有關單位收到舉報，必須立即驅車前往，全裝上陣處理，因為沒有經由完整通報的動物不允許在民間飼養。檢疫單位之所以會如此大動作，是因為這群動物主要有三種未知：第一，有些凶猛的動物可能具有攻擊性，對他人的安全性不可控；第二，檢疫狀況與疾病不明，恐造成生態危機的風險；第三，牠們大部分無法被遣返回運送出來的國家，因為這種走私的動物運出國後，有關單位不確定過程中發生了什麼事，基於防疫安全的考量，也不會願意收。最後只得安置於落地後的動物園或野生動物收容中心。

這類單位主要扮演三個功能，分別是展覽觀光、教育、研究。而屏東野生動物收容中心因不對外開放，只沉默地扮演後兩種的功能。且所謂的「研究」，不是拿動物

註6——低渣飲食是指減少經消化後會留下殘渣的食物，主要是為了避免腸內堆積糞便，一般醫院建議，做腸鏡前要避開所有植物纖維，如蔬菜類、水果類、全穀類、堅果類、種籽類等食物，也要避免動物性肥肉、乳製品的攝取，以利檢查過程順利。

本身來做實驗，而是讓一些博士生申請觀察較特殊的動物，在行為學、病理學上持續觀測、記錄，作為日後長期的學術探討。

這座位於南臺灣的小小天地，就這樣成為了某種程度上的「流浪者照顧中心」或「養老中心」。裡面分區明確，有草食動物、大型貓科動物、爬蟲類、鳥類。常見的靈長類包含臺灣獼猴、長臂猿，也有紅毛猩猩。而像老虎、熊、猩猩、金剛鸚鵡、陸龜都是壽命長達二、三十年，甚至更長久的動物，有不少隻在我抵達時，已經是生活了十多年的資深房客了。在那實習可以接觸到許多教科書上不常講到的動物，也能在學長姐身邊學習到獸醫學院時期沒有機會接觸的臨床診療。

在那裡，也有一些動物不是被查扣，而是未來要進到其他動物園。牠們抵達臺灣後，需要有一段檢疫期間，就先待在中心這邊，讓獸醫團隊徹底檢查體內是否有還在潛伏期的疾病。因防疫時間的長短不一，有些動物一住就是以週或月為單位，來來去去。任何時間來到中心，不難發現的是，這裡總熱鬧非凡。

沒保定，難保命

在獸醫學琳瑯滿目的醫療手法當中，一開始，教授總是會再三強調「保定」的重要性。

什麼是保定？意思是確保在安全的狀況下，獸醫才為動物做檢查。安全又有兩層意義，除了動物的安全，也包括獸醫的安全。

一般獸醫師最常見的保定有兩種選擇，分別為「物理保定」與「化學保定」。所謂物理保定，就是透過手與身體來抱住或安撫動物，也可以使用工具或儀器，如麻布袋、繩子，讓動物保持靜止，接受治療或診斷；化學保定則是用藥物或鎮靜劑介入，降低動物攻擊的風險。

化學保定，對獸醫而言，往往是最安全的，但是動物就不一定會這樣解讀了。如果麻醉給得太淺，可能在藥效發作以前，動物會進入狂暴期。有點像我們看著有些人類喝醉酒時，會無法克制地搗亂，不只嘴裡不斷講著奇怪的詞彙，甚至會出現暴力的行為。被周邊人團團圍住、用力制伏後，他們倒頭一睡，隔天醒來完全不記得發生了什麼事。

「哎呀，這麼危險，那就把麻醉量一次催到最高點，全部打進動物身體裡，不就好了？」但這也是另一種危機，如果麻醉給得太深，可能這隻動物睡著以後，就再也醒不過來。

身為人類，我們去醫院治療，如果要接受麻醉，院方會要求我們要有能夠協助照顧的親友陪同，並在執行麻醉之前，會說明清楚雙方的權利和義務，才在切結書上簽名。因為隨著年紀、身體狀態、疾病史等不同，就算給的是同樣的麻醉藥，也可能會產生不同反應，且這些反應多少是帶點風險的，所以需要非常謹慎地評估。而動物也是一樣。

要怎麼評估身體適不適合接受麻醉呢？那就要回到健康檢查上，受檢者徹底配合醫師的囑咐，才有可能產出盡可能精確的健檢報告。其實，這份報告也是醫生對於我們身體下任何醫療判斷的基礎依據。問題來了，一隻動物要麻醉才能量牠的體重，麻醉前卻需要先知道牠的體重，怎麼辦？

看起來像「世界是先有蛋，還是先有雞」的古典問題。

面對一隻完全不知其體重、疾病史的動物，你想知道怎麼樣對牠最好，牠卻拒絕乖乖地抱著儀器，讓你拍X光；決定繞道，幫牠抽血，先檢驗其他疾病，牠一看到針筒又反抗；如果什麼都不做，初次見面就吆喝周圍獸醫師把主角五花大綁，牠一定知道稍後大事不妙，更緊張，更想要拚命掙脫。所以，沒有共同語言作為中介，身為第一線的醫療人員，怎麼做才好？

這就是野生動物獸醫最難拿捏的地方。

動嘴巴的狙擊手

就算倚賴臨床經驗，確定了大致的麻醉劑量，能不能距離動物幾步之遙，就預先啟動化學保定呢？可以的，最常聽到的有效手段，就是名聞遐邇的「吹箭」。

還記得剛進到收容中心實習的頭一天，什麼都還幫不上忙的菜鳥，幾個人圍著桌子，就是在學習製作吹箭。我們拆解針筒，把中間的活塞剪下來，一個活塞用針頭插入，放置在針筒中間，另外一個活塞固定在針筒的末端，並且黏上一撮毛線頭，這是為了讓吹箭在空中可以穩定飛行。然後拿剉刀把針頭的側邊磨出一個切口，並且用橡皮塞擋住，當針頭插入動物身體時，會把橡皮塞往後推到底，這時，藥劑就會從側邊的切口注射進入動物體內。

接著，開始做壓力測試。我們製作了仿造真實猩猩的大型移動看板，還在上面畫了一圈一圈的分數，以及黏上毛茸茸的娃娃充當要診療的目標動物。在吹箭針筒前端灌入清水充當麻醉劑，後面的空腔中則按照真實醫療的情境灌入液態瓦斯，看能不能順利把前端的水擠入娃娃體內。

屏息，瞄準，咻——！

一般人對於吹箭有很多想像，但不一定符合實情。動物並不是所有部位都可以被

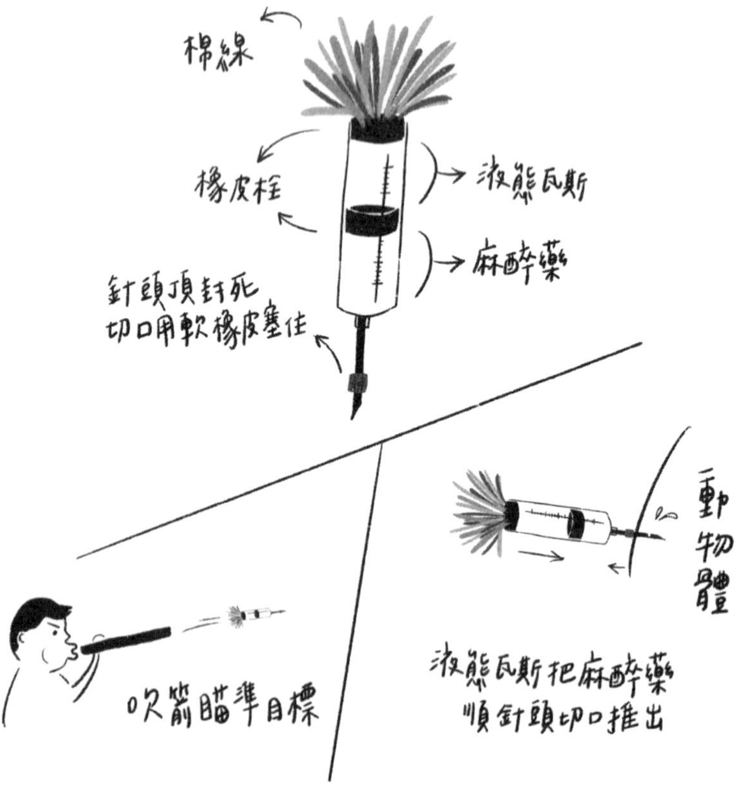
棉線
橡皮栓
液態瓦斯
麻醉藥
針頭頂封死
切口用軟橡皮塞住
動物體
吹箭瞄準目標
液態瓦斯把麻醉藥
順針頭切口推出

注射。像胸腹部等臟器多的位置就是需要極力避免的，可能會造成受傷。肌肉量高的前臂、臀部、大腿，相對來說是較為安全的選項。

在中心完成一個又一個任務之餘，還記得一群的實習菜鳥，只要有時間，天天要對著距離二十多公尺的靶，跟著獸醫師們練習吹箭。那時為了彼此惕勵不斷精進，全中心積分最低的獸醫師，中午要請大家喝飲料。到後來，我的吹箭穩定性能夠練到幾乎是全中心命中率最高，真的是團隊的進步壓力造就出來的成績。

驚險一刻

有人問我們：「一定得用吹箭嗎？能不能用其他方法？」

有的，我們還真的嘗試過。

我曾經和一位獸醫學長進去母紅毛猩猩「阿美」的籠子。阿美在這個中心已經是長輩等級的存在，之前在馬戲團巡迴，和人類很親。平時，學長會進籠子打理牠住的地方，和牠有不少互動，也有信任基礎。有一天，我們希望走溫和路線，不要動用到吹箭。學長安排我與他一起慢慢接近阿美，等到時機成熟，我再拿針筒輕輕注射在牠的上臂。

那一次，前半部都照著計畫走，直到我拿出針筒，阿美瞥見，突然非常緊張，立刻性情大變，發瘋似地咬著學長的雨鞋，力道幾乎快要把鞋子撕裂。

「阿嘉！現在！」

見到學長極力忍耐，我趕緊執行動作。阿美因為驚懼，緊繃而堅硬的肌肉，幾乎瞬間把我細細的針頭徹底折歪。

「別管！換一根，再來！」學長見我的窘態，示意我立刻再試一次。

阿美持續咬著學長的雨鞋。發出的聲音愈來愈凶猛。場面幾乎完全失控了。

我拿出另一根預備的針頭，成功注射。幾分鐘後，阿美束手就擒。

兩位獸醫狼狽地退出籠子。沒有犬齒的阿美已經把學長的雨鞋咬出一個大洞。當他發覺自己走路疼痛不已，才發現自己被咬到一圈瘀青，要不是厚重的膠皮保護，他的小腿應該早被咬下一大塊肉了。可見要改變保定的形式，需要對動物有非常足夠的信任和了解，即便如此，這過程當中仍有不少風險。

此外，在真實世界，麻藥不像電影那般神奇，一射進動物身體，就會讓牠們癱軟倒下。還需要等待一段時間，讓藥效發揮作用。而這段時間，就是最讓獸醫師坐立難安的。

又有一次，我們要幫一隻馬來熊做健康檢查，不過初來乍到的牠非常躁動，不願意乖乖配合。我們幾經思索，決定在兩層樓高的籠子上方，選幾個不同方位，同時埋伏獸醫師吹箭。其他人則是努力將牠趕進可視範圍，讓上方的獸醫師瞄準。

咻！中了！

馬來熊還是緊張地四處爬，甚至試圖爬上籠子上緣的天花板，想要避開那位吹箭的獸醫師。後來，藥效發作，牠仍然待在上方，我們一看牠的眼神……不，危險！牠在那一刻鬆了手。

轟隆一聲，金屬巨響，馬來熊從兩層樓的高度摔到地板上。

我們嚇壞了，急忙上前，發現牠吐出了一小截舌頭。撥開牠的眼瞼，發現眼球震顫。糟糕！這是腦震盪的徵兆。我們這群獸醫師一整晚不敢睡，守在籠子旁邊，深怕牠出事。所幸經過治療，這隻馬來熊後來平安康復。

鬥智，也鬥勇

剛做完檢查的動物，會有一段時間完全不信任人類，沒有安全感，精神也處於非常緊張的狀態。

因此，原本是善意的醫療，如果會因保定造成難以預防的傷害，有時候，我提醒自己不如順勢而為。也許改天，也許換個做法。畢竟，怎樣對動物才是最好的，每位獸醫的定義不同。

有些動物也教會我，光是不斷地對靶練習，射得再準，對於牠們來說，依然是不夠的。

紅毛猩猩的反應快，力氣大，也非常精明。一旦被牠認出那是什麼，就會緊盯著獸醫瞄準的方向，等吹箭快要接觸到牠的零點幾秒前，直接在空中將之擊落！甚至還會從地板拾起掉落的針頭，藏在手心，若無其事走到我們面前，應聲折斷，再把殘破的針頭摔到地上，冷看我們一眼。

公紅毛猩猩「Q寶」就經常這樣挑釁地對待我。

Q寶很聰明，有人對牠做過一次吹箭後，牠就知道要永遠警戒這項工具，就算我們想方設法，先派牠信任的一位女性獸醫師莉莉在牠的目光範圍陪牠玩、和牠說話，另幾位獸醫師同一時間悄悄往反方向走，想要從牠的背後吹箭，仍然無法奏效。因為痛過一次，牠很清楚知道人類想要對牠做什麼，一發現獸醫師突然要和牠玩，就開始有戒心了。

每支麻醉針藥劑成本都是新臺幣八百元起跳，光是處理Q寶，我們經常花了四、五千塊，仍舊徒勞無功。甚至有一次，他直接把伸進籠內的吹箭管一把搶過去，在大家面前折彎挑釁。吹箭管為了講求精準，一隻要價幾萬元。不只是財務上的損失，也重挫了獸醫師們的信心，一方面不希望讓動物受傷，卻又需要和牠們鬥智，感受上真的非常受挫。

還記得最後，獸醫師學長只能拿出飛行速度比吹箭快上數倍的麻醉來福槍。

有人可能想說：「哎呀，原來有這種工具？不早說！每次要保定，直接掏槍扣扳機就好啦，何必花這麼多時間與心力？」

不！來福槍是最後手段。槍枝對動物會造成某種程度的心理壓力，動物未來也會對於執行的人員產生嚴重的不信任感。無法放鬆生活的緊迫，長期來說是會造成傷害的。即使短時間內不會看到任何不良反應，但累積起來對動物的影響甚巨。我相信，每位在中心的獸醫師都想盡量避免走到這一步。

每次要保定的時候，我總在想，如果除去智能生物賴以溝通的語言，人類和動物之間，是怎樣的關係？若有機會運用科技開展出新的技能樹，我們和牠們之間，又可以是怎樣的關係？

記得在某個颱風夜，學姐注意到Q寶一些異狀，需要幫牠緊急檢查消化系統。我們一同努力，試了三個小時多的傳統吹箭，無論如何交替攻防，仍一無所獲。學長沉默，對我使眼色，向後方看去，示意我們還是必須拿出最不想用的老招。

「阿嘉，快！別發呆了，莉莉他們快撐不下去了！」

我舉著麻醉來福槍，瞄準Q寶。

「快啊！阿嘉！」

屏息，我扣下扳機。

進擊的牛小姐

一大清早走出房子，空氣有些冷，天色幾乎還是黑的。開車上交流道，整片天空開始有些亮光。下交流道前，太陽剛好從遠處的山邊探出頭來，一瞬間天色大亮。這是我每天出診最喜歡的景色，能夠跟著日出開始工作，農業生活總是讓我有與土地深深連結的感覺。

來到雲林崙背某個牧場的客廳，一群早上剛擠完奶的酪農，聚在一起泡茶聊天。

「我們家大概是從民國六十幾年開始養牛……」

「大嫂，我發現好像有不少酪農都是從這個時間點開始養牛耶，這個時期有什麼特別的嗎？」

身為菜鳥獸醫，我在眾人閒聊時壓低音量偷問旁邊的牧場大嫂，關於那些我所不

知道的酪農業大小事。

「喔，民國六十幾年，政府透過農會給想養牛的農民貸款補助，並且協助進口。我記得一戶會發六頭牛。」

「酷耶，所以這些長輩們的家族，大多是從那六頭牛開始養起的嗎？」

「對啊。現在大家都變成兩、三百頭，很難想像吧！」

走在酪農區，真是對這群農民滿懷敬意。

新朋友相見歡

臺灣的乳牛大多為黑白花的荷士登牛（Holstein Friesian），其實牠們並不是臺灣的原生種，原先是從國外進口。從小小的規模開始了臺灣酪農產業的發展，接著透過自行配種與繁殖，無論是與公牛自然交配，或人工授精，慢慢地讓牛群數量增加。

在我開始成為獸醫後，也遇過有的酪農為了擴增規模，從國外直接進口年輕的懷孕女牛[7]，一次可能就是幾十隻，甚至幾百隻。而我的工作，就是在牛隻到牧場後的一週內，確認這些新來的朋友懷孕與否，以及胎兒的大小，主要是為了協助酪農和進口商，與國外的酪農戶做牛隻狀況的點交。

左手戴上長長的手套，潤滑後，從牛的肛門口進入到直腸，先把裡面的糞便掏乾淨，這時，我的整隻手會埋入牛的身體內，而臉就在肛門口。

接著，透過直腸壁往下摸，剛好就是子宮的位置，因為產道要保持乾淨的狀態，不能隨便接觸，透過與之平行的直腸就是最好的檢查位置。在牧場中，管這樣的檢查叫「摸牛」。

這幾年，進口的牛隻多半為澳洲的女牛，牠們生長於國外，在還沒有配種前，通常是以非常粗放的飼養方式，在空曠的環境中野放，因此被馴化的程度很低。進到臺灣之後，需要有基本的進口檢查時，通常也是牠們最躁動、緊張的時刻，這時，第一個要遇上這場面的人，獸醫首當其衝！

生手的考驗

「阿嘉，碰到這些女牛，你可要格外小心喔！」

註7——在牧場裡，已經生過小牛的牛叫「母牛」；還沒有生的叫「女牛」。

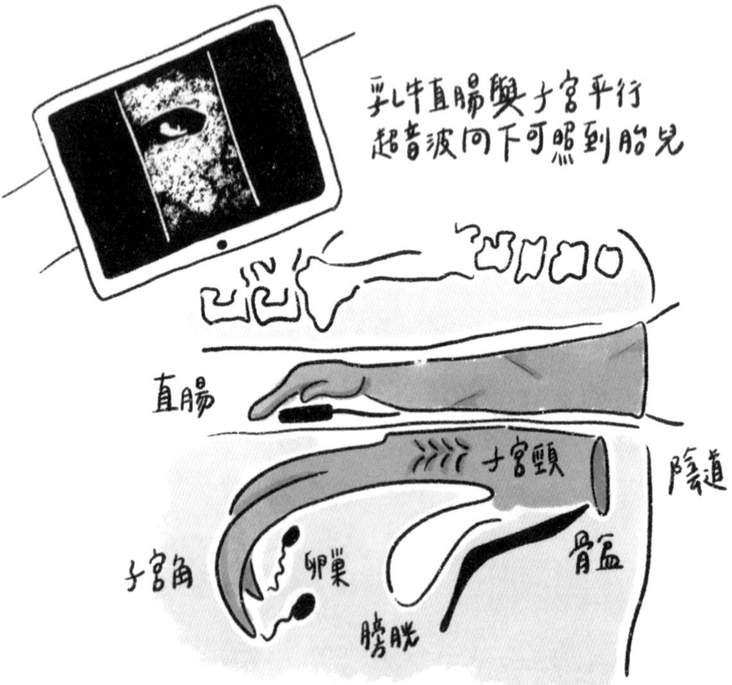
乳牛直腸與子宮平行
超音波向下可照到胎兒
直腸
子宮頸
陰道
骨盆
子宮角
卵巢
膀胱

「對，牠們年輕力壯，進到頸夾[8]之後，因為還不習慣，可能會開始蹦蹦跳跳，後踢、側踢、旋踢樣樣來。」

「原本三十秒可以檢查完的，這一回大概沒辦法了。光要安全地把手伸進牛的直腸內，就要費盡心思。」

「沒錯，一個不小心還有可能被踹飛，或是手伸進去後，牛因為太緊張，屁股扭動，造成手骨折或拉傷。」

酪農大哥與大嫂看我這隻菜鳥還沒什麼經驗，不厭其煩地對我耳提面命。

以前獸醫系教導我們，保定有兩種──物理保定與化學保定。

現在我會說，保定有兩種──一種是武奪，一種是智取。

想讓乳牛乖乖不動，需要團體合作才能辦到。經驗老道的酪農會號召幾個壯丁，一起來幫忙保定。一個人雙手用力把牛尾巴往上舉，另外兩個人分別站在牛的兩側，雙手用力頂住牛的屁股，這時，站在牛屁股正後方的我，就可以趕快在最短的時間內做完檢查，換下一隻。

註8──頸夾是牛舍常見的設備，酪農可根據牧場工作時程，有效分配牛隻自由採食的時間。這類器具可同時有效鎖住或釋放一隻或群體乳牛，規範行動區域，方便現場醫療的進行。

只是這樣一輪下來，如果有四十頭牛，大概一個早上都檢查不完。畢竟乳牛約有六百公斤，算是龐然大物，即便好幾個人以蠻力壓制，要是牠有意掙脫，仍然是有可能的。這使得每次檢查都像是在玩命一樣，充滿驚險。

有次在雲林海口地區的牧場，當天有三十多頭牛要檢查，花了大半天，終於快檢查完畢，但其中有一頭牛就像被惡魔附身一樣，只要一靠近，牠就會使盡全力用各種角度飛踢。我還差一點被牠跳起來的後腿踢中眉心，當下猶如與死神交手。又耗了半小時，各種軟性安撫和強硬壓制都行不通，每個人都已經筋疲力盡。為了避免有任何人受傷，最後只能放棄。這隻牛是我獸醫生涯中少數無法完成檢查的牛隻，最後只好和進口商回報沒能完成任務，至今仍令我印象深刻。

女牛乖乖術

去過更多牧場後，才發現每個地區、每個酪農，對於要怎麼「制服」這些緊張的女牛，有截然不同的思維與做法。如果只懂大聲吆喝，拉一大群人用力壓住乳牛，反而會造成牛隻更加緊張，更用力地想要掙脫。雖然有效果，但也費力，還充滿危險。

這一天，我來到一間位於彰化的牧場。牧場老闆瘦瘦的，戴著一副眼鏡，看起來很斯文。

「嘿！阿嘉，我們今天有二十頭澳洲來的女牛要檢查喔。」

他平靜地看著我，但我發現有件事不太對勁——現場，只有我和他兩個人。

我覺得我一定是看錯了。

「那個……沒有其他的幫手?!」

「對，就我和你。」

我站在原地。這位牧場老闆似乎也看穿了我的遲疑。

「別怕。你一定會平安，我們會檢查得很順利的。」

我點點頭，心裡卻不敢肯定，只覺得這下子糟糕了，可能不一會兒就被踹飛，或可能沒辦法及早把所有牛隻檢查完畢，看來今天很難下班了。更打緊的是，保護我檢查的手是非常重要的，畢竟每天都有牛隻檢查的工作，所以酪農都會戲稱那是「黃金左手」——觸診完後總是充滿「黃金」沾附在上面。要是檢查當下有不可控的風險發生，那可不是開玩笑的。

「來，從這隻開始。」

隔著柵欄，牧場老闆點了點其中一隻女牛的頭。

我一個人站在牛屁股後面，看這些女牛不安分地扭動、亂踢，真的覺得很絕望。

「阿嘉，等我一下喔……好，現在可以了！」

牧場老闆呼喚著，只見他手上拿著一個麻布袋，輕輕套住了第一隻乳牛的頭。

說也奇怪，這隻女牛頓時安靜了下來，當我把手伸入牠的直腸做檢查，牠也沒有什麼特別的反應。太令人驚訝了！

而當麻布袋拿下來，這隻女牛又開始躁動。牧場老闆趕忙為下一隻要檢查的女牛套上麻布袋，就這樣，完全不需要彪形大漢的左右包夾，全程只有我和他兩個人，順順利利地完成了所有牛隻的檢查。

「大哥，這是什麼魔術啊？你讓我緊張死了，剛剛很擔心會被踢飛啊！」

看著眼前這位緊張到快虛脫的獸醫，牧場老闆笑咪咪地解釋。

「喔，其實牛會亂踢是因為緊張造成的不安全感。乳牛是草食動物，過去在野外是被獵食的對象，因此兩眼可以看到大約三百二十度的周遭環境，只有屁股正後面的四十度視角是看不見的。當眼觀四方，卻無法看到後面發生什麼事情，就會很緊張，需要隨時準備逃離。而這些沒有被馴化的澳洲女牛，還沒適應和人的互動，保留了這個野性。」

「對啊，我知道。那你又是怎麼制服牠的野性的？麻布袋裡面有預先灌什麼安定氣體嗎？」

這位老闆舉起手上的紙本資料，作勢遮住自己的眼睛。

「喔，不用什麼氣體啊。你只要遮住牠的眼睛，或是用麻布袋讓牠看不到周遭環境，牠心裡就安心了。」

「這不就像是鴕鳥把頭塞進土堆當中一樣嗎？」

「對呀，差不多。很好玩吧！」

我還是覺得十分震驚。

「等等……大哥，你是怎麼想到這些的？」

「養牛久了，了解動物的心情，再讓牠放心，我們一切就好處理了。」

不可思議，真是「智取」的典範。

而在另一個牧場，我還向一位酪農學會了新的「乖乖術」。

「阿嘉，來，你試試看，用一隻手壓住牛的脖子後緣，像這樣……牛是不是就安定了？」

「這動作很像貓咪媽媽叼著貓咪寶寶的後頸耶。」

「可能是因為牛要踢之前，會有一個拱背的動作，但當脖子有一個力量，他拱背時會有阻力，就不會往後踢了。」

這些難以想像的錦囊妙計，都是不同地區的酪農在與牛互動的長期經驗當中所習得的智慧。

後來，每當遇到年輕的酪農或是獸醫滿頭大汗地與牛奮鬥，我也會和他們分享這些小訣竅。他們原本半信半疑，或以為我在開玩笑，然而最後真的讓牛安定下來時，總會驚呼這到底是什麼原理。其實我也不知道，我只知道讓牛愈安心，就愈容易讓自己安全。

這也讓我想到以前鐵的教育，用打罵的方式，把「不聽話」的孩子捏成自己想要的樣子；或給予陪伴和安全感，溫暖地執行愛的教育。也許兩種教育方式都能夠達到目標，但讓教育者和受教方都辛苦的，通常是武力征服的方式。

相處的守則

這幾年，合作的牧場因為牛隻健康，淘汰率下降，又有好的繁殖管理，牧場空間已經滿載超量，崙背的俊哥有一批懷孕女牛要出售。

我一早就先檢查完這幾隻牛，確定都已經懷孕。在文件上面簽名，確保每一隻牛都能夠與買主交代。負責運送牛的冬哥一早就到了，熟練地把大貨車停在女牛舍的欄杆旁邊。俊哥則把山貓[9]開進畜舍內，擋在開口處，形成一個窄窄的通道，讓女牛可以一隻一隻上車，不要有迴轉的空間。因為如果在上車的過程當中回頭，後面的趕牛人很容易受傷，牛也會弄傷自己。

趕牛人把牛趕上車時，大貨卡要先放下後斗斜坡。這坡度有些陡峭，對牛來說大概需要深呼吸一口氣，才好爬上去。

「赫！赫赫！」

趕牛人大聲嘶吼，希望引導女牛往前走。但叫愈大聲，牛反而愈想回頭，回到熟悉的環境。半小時過去，還沒有一頭牛走上車子。

這時候，神奇的事又發生了。

大貨車的副駕駛座走下另一位比較資深的運牛師傅，和俊哥要來兩個白色的麻布袋，切開成一張巨幅白布，其中一片掛在通道的盡頭，另外一片，他高高地舉在牛旁邊，擋住牛看到旁邊的視線。

奇蹟發生了。牛竟然開始跟著這個白布幕往前移動，直到走上車子。

「這又是什麼神奇招式？真沒看過。」我問。

「很簡單。當你把白布舉起來，牛會以為這旁邊是一堵牆。看不到牆外的東西，

註9——山貓是一種牧場常見的大型農具，可協助牧場裡的草料及物料裝載、搬運，以節省人力。

牠覺得放心了，就不會緊張，便會沿著牆移動。」

師傅氣定神閒。

短短十分鐘，一群牛真的跟著那堵「會移動的牆」順利上車了！我再一次佩服這些草根的智慧，因為此般「眉角」，教科書上都不會寫。

也不禁想著，這個世界的相處守則，經常是「先壓制，後索要」，但我們能否往更豁達的境界走去，成為「先理解，後引導」的那群人呢？

懷孕三百日

我將盡一切努力奉獻專業，尊重動物生命，保護動物健康，解除動物痛苦，維護畜產品來源的安全。

我願為改善人類與動物之間的關係而努力。

——獸醫師誓詞

牛的婦產科

每一隻乳牛，從誕生在牧場，到完成分娩開始進入泌乳期，大約需要三年時間。每一胎的平均泌乳期大約落在三〇五天。大部分為單胎，偶爾會出現雙胞胎。投入醫學後，更真實地感受到——生育，實在是生物界中極奧妙的事。

在我心中，牧場就像是一間新生兒醫院，這裡每天都有乳牛分娩、泌乳、配種、待產。由於繁殖管理是我入行後主攻的領域，在牧場的身分儼然是「乳牛界的婦產科醫師」。國小作文課寫「我的未來」這類題目時，大概沒想過自己長大會從事這樣的職業吧！

以工作的比重來說，乳牛獸醫師確實也像是產科醫師。從繁殖障礙診斷、配種、定期產檢、預產期、分娩前準備，到順產與難產的處置、分娩後乳牛的飲食調整、產後一個月內的特別照護等，幾乎是我們的例行工作。不過最多的時間，其實是陪伴與觀察乳牛的整個生產過程，以及無數次的等待。

在牧場時，如果剛好遇到有牛分娩，我經常會待在旁邊，看著整個過程。

首先，母牛會開始焦躁地走動，尾巴舉起來，看得出來陰道口一陣一陣地收縮。這時得要開始特別關注母牛的狀況，如果一切順利，幾個小時後，就能夠看見小牛的白蹄從產道慢慢地推出，接著瞧見小牛的嘴巴，有時候外面還掛著粉嫩的舌頭，一直到目睹小牛兩隻前腳夾著頭的樣子，此刻才是最挑戰的——只要頭通過了，大多都能夠順利產下小牛。臺灣俗諺說的「頭過身就過」，在乳牛生產上面還真的是很符合的描述。

當然，有時候也會有些驚險的時刻，比如「子宮捻轉」。

你只有一次機會

「阿嘉，你幫我看看，開了沒？我自己這段時間摸，都沒有開。」

永哥緊急呼喚我這位婦產科醫師來到牧場。他眉頭深鎖，因為乳牛遲遲沒破水。他口中的「開」，類似人類生產前俗稱的「現在幾指寬」。我戴上手套，泡過消毒水，從陰道口輕輕滑進去，才發現子宮頸有一個順時針的扭轉，開口完全鎖死了。

「永哥，這頭牛子宮頸轉了一圈，打結了，你看牠的陰唇像彎彎的月亮，往一邊歪。我們得先把牛倒下來，要來重訓一下了！」

這個要處理的緊急個案，學名叫「子宮捻轉」。顧名思義，子宮在體內物理性地被「轉」了一圈，小牛在裡面被封住了。獸醫檢查後，發現如果是轉了九十度或一百八十度，可以透過直腸壁往下嘗試出點力，看有沒有機會讓子宮轉回來。但如果是三百六十度地轉了一整圈，狀況就會很棘手。無法靠獸醫一隻手在牛隻體內獨立完成，因此這個時候，酪農全家人都會出來幫忙。

「去找一個麻布袋來！」為了要示範到底發生什麼事，以及讓稍後的參與者都知道該怎麼做，現場取材，快速進行一堂小教學。

女兒聽到永哥的吩咐，迅速去到後院，拆了一個裝飼料用的麻布袋，來到母牛旁邊。我在裡面裝一些牧草，模擬一頭小牛的重量，將袋口以「轉」的方式封住，順時針與逆時針各一圈，來對照外觀視覺和摸起來的肌理，感覺是什麼。

為什麼要先做這件事？因為這種醫療方式，最關鍵的，就是得先判斷「整個子宮是順時針還是逆時針旋轉」，畢竟一出錯，很難回頭。

此外，這個治療方式又稱為「牛體滾轉法」——還要先讓乳牛側躺下來。站立的牛隻要怎麼躺下來呢？拿一根很長的繩子，從牛的頸部放下，繞過前腳內側後方，向外從腋下往上繞到背部後交叉，再放下並從後腳內側胯下向後穿出，自牛屁股下方把繩子兩端一起向後用力拉，牛就能自然地往後蹲坐，再讓乳牛向其中一側躺下。這時候，我會趴在地上做直腸觸診，再次確認子宮頸的旋轉方向。

接著，需要用到一片木板，放在牛的側身上，並且坐上一個人，加以施重，主要是固定住已經扭轉的子宮體，不要讓它移動。確認子宮頸是順時針或逆時針旋轉後，將牛的腳往對應的另外一邊翻轉。由於子宮捻轉的角度不一，每當翻轉乳牛一次，也要一邊確認子宮頸轉開的程度，判斷是否需要繼續翻轉牛體，或是要重新調整乳牛側躺的方式，使子宮頸得以扭開。要知道，光要把牛的腳抬起來迴旋就是個粗活，通常

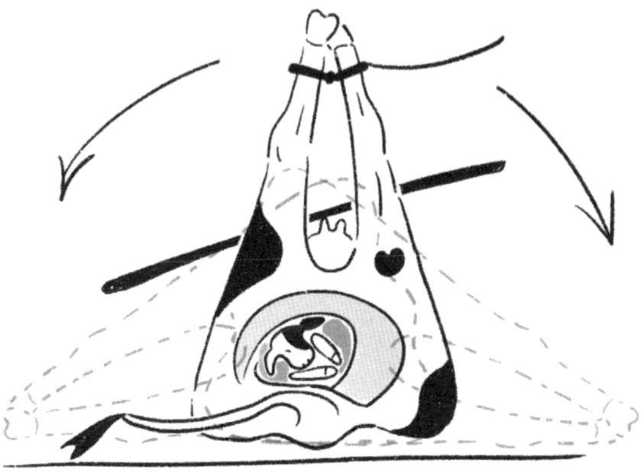

孕牛放倒後，用木板固定腹部(子宮)
視子宮頸捻轉順逆時鐘之「反方向」
翻轉直到捻轉處解除。

要三、四位以上的壯漢，一二一二地吆喝著奮力。

翻轉半圈後，如果順利將子宮頸扭開，羊水便會嘩啦嘩啦地流出來，只要短短的時間，就會看到小牛產出，是最神奇的一刻。

第一次看到這景象，酪農們總是非常驚訝，因為很難想像子宮的狀況不是透過開刀，而是眾人出力，齊心協助母牛生產，這絕對是讓人畢生難忘的畫面。

而對我來說，經常待在牛舍前線，不難見到這種靠著眾人通力合作、一同解決的醫療難題。

溫柔生產

我一般服務的牧場，依照不同的規模，一年大約會生下數十至百胎次的小牛，幾乎每幾天就會有一隻小牛在牧場誕生。

對於生命到來的準備，有時不只媽媽本身，周圍的人也是又期待又緊張。不過在這麼多胎次的分娩當中，大部分的乳牛，如果能夠自己分娩，牧場會盡量讓牛媽媽靠自己的力量，迎接小牛的誕生。

即使是第一次生產的頭產媽媽，都會有生命自己的驅動力，自然而然知道該怎麼用力。我們需要做的，就是給牠舒適的空間和足夠的時間，並且在沒有太多干擾與強迫之下，完成這個重要的生命歷程。

某種程度，很像近代人類社會所談論的「順勢生產」與「溫柔生產」。這些看起來深奧的名詞，其實就是以最少的外力干預，讓生產這件事能夠自然而自在。

在人類世界看起來回歸自然的主張，其實，牧場很早就在實踐了。有經驗的酪農會在旁邊陪著待產的牛媽媽，除非有緊急狀況發生，不然，耐心觀察即是最高的指導原則。

對於生命自然的歷程來說，醫療的介入到底扮演了什麼角色？

還記得我剛開始當獸醫的時候，接生的經驗並不多，看到牧場如果有牛正準備要分娩，就會很緊張地想要趕快協助乳牛生產，深怕如果錯過最佳的助產時機，會造成生命危險。

「阿嘉，先別動。再等一下。」

「對呀，讓牛媽媽自己努力看看。」

酪農大哥大嫂的安心微笑，和我這位菜鳥獸醫的憂心踱步，形成強烈對比。

一開始，不太知道為何酪農要這樣說。後來才明白，有時候反而因為太早進行助產，會導致分娩後胎衣無法排除，造成滯留，反而增加子宮蓄膿的感染風險，或因為太早幫忙助產，子宮頸還沒有全開，反而造成母牛子宮的受傷。

尊重牠們原本的自然歷程，反而是我在做乳牛產科時最深刻的學習。

新生報到

一頭小牛生產出來後，全身溼淋淋的，我們會立刻幫牠清除口鼻的羊水和黏液，並擦乾身體，也要趕緊為臍帶做滅菌消毒並且打結，或用臍帶夾夾起來，因為小牛死亡有非常高的比例是因為臍帶發炎。在產房做這些事情時，有時候母牛會在旁邊好奇地走動，或也一起來幫忙把小牛的身體黏液舔掉。

處理這些產後過程時，也很有可能會發生母牛踩踏或踢傷小牛的情形，因此出現了一個有趣的設計，我們把小牛先放進一個裝滿乾草堆的塑膠籃當中，高度大約到人的小腿，讓母牛可以和小牛有機會接觸，但也保護小牛不會彼此誤傷。

隨著現在對於牛隻照護的進步，在小牛狀況穩定後，還有專門的育嬰房——裝有保溫燈的欄舍，甚至有恆溫負壓設計的空間，讓小牛可以更放心地休息。說是月子中心，也完全不違和。

做這一行，看到有新生命在牧場順利誕生，總是很喜悅。冬天寒流來襲，晨間的獸醫例行工作結束，酪農大嫂貼心用當天的生乳煮給我一杯新鮮拿鐵，我會握著馬克杯，在小牛區靜靜待著。咖啡暖和了我的手心，小牛的眼神則暖和了我的內心。有時和牠們四目對望，不禁看得出神，覺得生命真是奇妙。

初心

「嘿，阿嘉！還沒走啊？」

酪農大嫂的呼喚讓我意識到，自己已經拿著這杯拿鐵一動也不動地待在小牛區半小時了。

「喔！是啊。」

「為什麼一開始想讀獸醫？」

「剛開始沒想太多耶，因為生物一向是拿手科目……」

「後來是什麼機緣，選擇了乳牛專科？」

我告訴她，獸醫師這種工作，確實存在著一種魔力。一開始吸引我們的，也許單純只是喜歡動物，以及讓動物健康恢復的那種成就感。而後來針對不同的醫療動物選擇，就像是選擇不同的生活型態，發現自己真的喜歡鄉村的生活方式。

能學習這一行，擁有幫助牠們的能力，讓我覺得很有意義。做了一段時間，真正反芻了每一位畢業生離開前在學校宣誓的獸醫師誓詞後，會慢慢長出使命感，轉成一股對生命、自然敬畏的心情。

電話響起。

一位酪農發現牧場的乳牛難產，正在四處求救，終於聯繫到我。

上車。乳牛界的婦產科醫師，再次出動。

生命

十二月的冬夜，晚上十一點半，手機響了。

是祥哥，崙背的一位酪農大哥。

我的直覺是，這個時間打來的，如果是酪農的電話號碼，通常不是好消息。

急診！

「阿嘉，有隻牛生不出來，你趕快過來！」

聽到這幾句話，原本迷茫的雙眼馬上張開。乳牛獸醫在這個時間點接到電話，永遠是急診，最緊急的就是難產，每一秒都拖不得。

推開有致命吸引力的溫暖棉被，我跳下床，披了件工作服，馬上出門。外面的寒風可真不是開玩笑的，還好剛剛沒有喝啤酒。

近幾年政府強制規定勞工的工作時間，不過像飼養動物的工作，制度永遠跟不上生物不可捉摸的動態。如果牧場的工人和獸醫遵照勞基法的工作時間規定，那也需要一個前提，最好「動物們」乖乖配合。請牠們專注看錶，半夜絕對不要生病，也不要有緊急狀況。

沿路上，心裡不停碎念著。雖然冬夜的車裡，只有我一人。疾速開上崙背的鄉間小道，鄉下地方，大家幾乎都休息了。黑漆漆的窗外，有時候連路都看不太清楚。

一到牧場，我推開車門，拿了器具，衝進畜舍。看到一隻母牛躺臥在地上。寒冷的天氣裡，牠大口大口地喘著，白煙從嘴巴不斷冒出。大事不妙。

一般母牛在生產前期大多是站著，躺在地上的母牛表示牠已經體力透支，相當虛弱。躺下來的重量會壓迫腹腔，導致獸醫的手比較不容易從產道進去。而且必須要跪趴在地上工作，姿勢上更難施力。

祥哥聽到停車聲，便向我跑來。雖然是年輕一輩的酪農，但謹慎細心，經驗非常老道。每次在牧場進行例行性檢查，總能詳細說出不同牛隻的健康狀況。可以知道，他對於每頭牛都非常熟悉。

我想，這種時間打給我，他一定用盡各種方法了。

他說，這隻牛已經生產一段時間了，子宮早已破水。

我伸手進去產道，嘗試用手刺激小牛的嘴巴，發現小牛只剩下十分微弱的反應。

卡住的小牛

一般來說，正常的分娩胎位是小牛的兩隻前腳和頭部會一起在產道，呈現出像人類跳水前雙手夾緊耳朵的樣子。有的小牛會屁股和後腳朝外，我們稱為「倒頭生」，屬於胎位不正的狀態。

這隻小牛的狀況特別，是有一隻前肢「凹」到，變成一隻前腳往前、一隻前腳往下，像超人般的姿勢。兩邊受力不平衡之下，不能硬拉出來，會被肩膀卡住，小牛、母牛都會受傷。

產道的空間非常擁擠，理論上要把那隻折到的前腳先拉出來，才能把小牛拉出產道，時間緊急。且目前看來已經過了黃金搶救期，在羊水流光的情況下，要拉出小牛更是困難。

先馬上泡一桶人工羊水。這種方便攜帶的粉末，加上水之後就非常滑溜，是隨身必備的救命用具。

我把整隻手用消毒水清洗乾淨，塗抹上大量的人工羊水，重新伸進產道。小牛體型太大，此時要拉出另外一隻前腳看起來不太可能，必須先把整隻小牛推回子宮內，同時抓到兩隻前腳，再一起拉出來。

天氣很冷，我的左手僵硬到有點不聽使喚。快速地用繩子把小牛向前伸的那隻腳打上一個結，避免推進去子宮後又後找不到。嘴巴也迅速先用繩子套住，稍後才方便拉出來。

無助的祥哥蹲坐母牛旁邊，輕輕拍撫著牠的頸部，讓牠保持平靜。過於緊張的牛隻會大幅增加診治的困難度，還好在祥哥的安撫之下，這頭母牛一直安靜地等待我的幫忙。

與未知拔河

要把小牛整隻推回子宮裡面，是一個很大的心理挑戰。表示前面做的努力，要全部重來。但是如果不這樣做，繼續努力恐怕也是白做工。

開始創業後，我常常經歷這種困難的抉擇。在任何一個時間點決定要打掉重來，都需要夠強烈的決心。不過還好牧場與創業不同，不用太複雜的溝通和說服過程，內心交戰一番，足以說服自己就好。

順著產道的方向把小牛反向推入，一開始，小牛幾乎卡在子宮頸，無法動彈。慢慢把人工羊水一點一點的倒入縫隙後，終於能夠滑動。小牛滑入子宮之後，心裡其實有點慌張，像是在伸手不見五指的黑暗中摸索，要找到兩隻腳，還有頭部，一起緩緩拉出。

這時候，獸醫師的身材，就扮演了相當重要的先天優勢。子宮很深，要撈到目標物，手長、臂細是最好的優勢。我身高一八二，還記得以前剛開始做獸醫時，都會被酪農從頭到腳地打量，然後很滿意地點點頭：「你這個漢草，做這途就對了啦！」

除了用在難產，直腸觸診、懷孕檢查也都需要利用手細長的優勢；手細可以減少牛的不舒適度，手長可以在深不可測的腹腔當中，找到許多診斷目標。

我的左手拿著一個打好的繩結，摸到了牛隻蹄部的交叉。不過繩結必須繞過蹄的上緣，距離搆到就差那麼幾公分。我像一隻無力的蟲子，趴在冰冷的地上蠕動著，左手盡力在牛的產道內，努力地想要套住那隻腳。

超過二十分鐘的嘗試，整隻手臂從痠疼到麻痺。休息一下後，再繼續用力，如此努力，不斷循環。每一次放鬆，都很怕哪隻前腳又會跑掉。這半個小時，牧場安靜得不真實，乳牛、我、祥哥，我們都明白這時必須保持絕對的專注。

沒人敢講話，大家都知道正在和生命拔河。好幾次真的很想放棄。我感覺到手臂已經不是自己的，手指末端開始失去知覺，無法確定到底摸到什麼東西，趴在地上也很難喘氣。

終於套上小牛前腳的那一剎那，深深吸一大口氣，吐一口長氣。用力綁緊後，沿著繩索拉住另外一隻腳，兩條繩子卡進助產器的卡榫，和祥哥一開一合，用助產器把小牛逐漸拉出來。

先看到前肢關節，看到小牛的頭、肩膀過了。

來，慢下來，輕放。

「嘩——」

整隻小牛滑落在地。

我仔細檢查，發現小牛已經不知道在剛剛哪個時間點，沒了生命跡象。

和祥哥相視無語，彼此都嘆了很深的一口氣。

生命教會我的事

盡力了，雖然充滿不捨。畢竟每隻小牛都是母牛經歷約兩百八十天的懷孕，更不用說母牛在那之前經過多少次的配種和身體調養，仍可能要面對這功虧一簣的時刻。

生命如此脆弱。難產的處理，是非常艱難的過程，有時甚至要當機立斷二選一：要保小牛，還是保母牛？

如果可能，兩隻都健康平安是酪農與獸醫最大的願望。今天走了小牛，至少母牛安好，祥哥與我蹲在旁邊，輕輕撫摸牠。

我經常在牧場看到小牛的出生，當小牛呱呱落地的那一刻，全牧場的人都會動起來，替小牛擦乾身軀，挪到乾燥舒適的地方，為牠準備初乳。

那種因新生命誕生的悸動和感動，是我在牧場中永遠看不膩的畫面。有的牧場同時養豬，養魚，養羊，養狗，養貓，是一個充滿生命力的地方，生命有起有落。

看著祥哥細心地把母牛身旁的穢物清理乾淨，並放上一盆乾淨的水，鋪上一綑乾草，嘴巴喃喃著：「你很棒了，辛苦了！」

祥哥似乎忘了，自己也是滿身泥濘。

他將已經沒有氣息的小牛，用大毛巾擦乾，放進推車，然後用毛巾蓋起來。看著他充滿不捨，以及對於母牛寬慰的眼神，我想，剛剛那掙扎的半小時，至少我們每一個人都盡了最大的努力。生命就是如此，有時獲得，有時也需要懂得放手，何其榮幸能跟著這樣的脈動一起起伏著。

在有血有肉、有笑有淚的牧場工作，雖然要承受許多不可預測的生命狀態，在我心中，卻比辦公室的例行工作要充實許多。

朋友知道我是乳牛獸醫師後，常會問我。

「哇！那你會常常幫牛接生嗎？」

「當然囉！」

這大概是從事動物醫療的過程當中，我覺得最有意義的一刻。

簡單道別祥哥，我帶著設備，蹣跚地走回停車的地方。

我的全身都是胎水、血水、屎水。各種液體的混合，從袖口流進了內褲，冰冷且沉重。

衣服也先不換了，脫下時恐怕沾得滿臉髒汙，這種事情在浴室發生就好。

回程的路上我在想，工作和生活到底該怎麼切割呢？

十二月冬天的夜晚，凌晨兩點多，天看來更黑了。

土師傅

「老闆！我要三支布袋針，然後再一綑布袋線。」

要知道，大動物獸醫是需要創意的。以前在學校的時候，什麼手術都要按照教科書，但是在現場，太多是書上沒有寫的事。

子宮「掉出來」？

晚餐時間，我悠閒地在虎尾享受晚餐，突然接到一通令人腳軟的電話：「龔ㄟ，緊來！有牛子宮脫出！」我心跳頓時多震了幾拍，又是急診！

「子宮脫出」就是子宮從體內經由陰道口跑出來，又叫「子宮脫垂」，像是褲子口袋被掏出褲子外，通常發生在生產時用力過度的母牛身上，因為不斷努責[10]，最後把子宮擠出來，尚未收縮的巨大子宮露在外面，看起來非常嚇人。獸醫必須把子宮塞回去，然後把陰道口縫起來。

問題來了，我手邊並沒有適合的工具。子宮脫垂最後的縫合必須要穿過厚厚的陰唇，要又粗又長的特殊針，臺灣沒有賣；也需要又粗又長的縫線，才不會斷裂，臺灣也沒有賣。

在臺灣的大型動物，無論是牛或馬，數量都太少，少到無法形成完整的市場供應鏈，尤其是特殊的手術器械與醫療器材，只好經常就地取材。還好現在是網路時代，就算沒有經銷商或代理商，有時候也可以自己和國外接洽。

「阿金伯，我手邊沒有熟悉的工具啦！之前用的工具和國外訂了還沒送來，不過我可以去幫你推回去，我們來再來想辦法。」

當地有一個老獸醫佐，好久以前在附近做醫療服務，年紀大些也養幾頭牛，已經沒有在出診了。掛掉阿金伯的電話後，我馬上打了通電話，向這位前輩求救。

「哎呀，很簡單啦，用布袋針就好。」

對我來說，這種是來不及準備的特殊案子，但對老一輩的獸醫先進而言，當年資源缺乏，早就習慣在沒有適合的工具下工作。他們透過長年的診療經驗和醫療知識背景，再加上想像力和創意，習得並開發出許多治療動物的好方法，我覺得這是智慧。

「布袋針？有誰聽過什麼叫布袋針？」

要買一個自己都不知道是什麼鬼的東西，實在需要一些勇氣和傻勁。還好我對獸醫前輩信心十足，趕緊衝到五金行，更慶幸晚上九點多，這裡還沒關門。

老闆聽到我的詢問，稀鬆平常地說：「喔，第十五排走到底！」真的很佩服五金百貨的店員，對於任何品項放在哪個位子都瞭若指掌。仔細一看，布袋針長度超過我的手指頭，粗細大概像是原子筆芯這麼粗。不太秀氣的外表，原本就是拿來縫補麻布袋使用的，所以相當耐操。

到牧場時已經是晚上十點，阿金伯焦急地搓著手，旁邊圍著兩、三位住在附近的年輕酪農。剛剛我致電請教的那位前輩也來到現場了，大概是不放心吧。

正面對決

帶著剛剛買到的布袋針以及局部麻醉藥進入畜舍，還好這隻母牛的狀況看起來不

註10——分娩時，子宮的特異性收縮，伴隨腹部用力地收縮。

太嚴重，整大坨攤在地上的子宮是粉紅肉色，沒有因為血液循環不良造成發黑發紺，也沒有被踩踏到破裂受傷。

初生小牛大約是四十五公斤，要承載這麼大的胎兒，母牛的子宮會擴張得相當巨大，幾乎是大型紅色垃圾袋裝滿水的樣子。

先把碩大的子宮整個抱起來，底下則用麻布袋鋪著，避免直接碰觸到不乾淨的地面，這需要附近年輕力壯的酪農一起來幫忙。

接著要把子宮表面洗乾淨，必須非常輕柔仔細地用稀釋消毒水擦拭每一個部位。因為母牛剛生產完，子宮特別脆弱，禁不起人為的二次傷害，也禁不起乳牛自己踩踏所造成的傷害。

子宮脫垂最怕在沒有人的半夜發生。乳牛通常在緊張和不舒服之下，會本能地踩踏，如果踏到自己的子宮導致破裂，就只能淘汰。還好這一隻母牛很幸運，我們也很幸運。牠此刻就這樣趴著，看著我幫牠處理屁股後面的事。

把子宮清洗乾淨後，接下來是大工程——把子宮推回去骨盆腔內。我先抽了一管「催產素」，在子宮上面打了幾個點，同時也在頸部的位置做肌肉注射。這是為了刺激子宮平滑肌收縮，打這支針可以讓小牛順利出來，理論上也可以讓子宮收縮進去。我沒有實際量測生產後的子宮重量，但是整坨抱在手上粗估十幾公斤，還時不時會滑掉，相當狼狽，這時候就別管什麼斯文的「醫療專業樣貌」了。

要把碩大的子宮從小小的陰道口推回去，是全天下最困難的事情之一。不僅因為子宮很滑溜，不易施力；也因為子宮很脆弱，既要溫柔又要奮力。更考驗獸醫的是，才將腫脹的子宮推進去一點點，又馬上被擠出來，這個過程會擊潰所有人的耐心和信心。就像站在海邊堆起一個一個沙堡，但又不斷地被海水沖垮。

一開始，我先用雙手一點一點地從邊緣把子宮塞入陰道口，後來發現這樣根本是在開自己玩笑。決定換一個方式，用拳頭對著子宮正中間膨大的地方，直接推入！

這個方法相當有效果，整隻手臂被子宮包覆著，能感受到子宮一寸一寸地收縮進入骨盆腔，但不用多久就手臂痠麻，有一種螳臂當車的感覺。支援的年輕酪農提著麻布袋的角落，小心翼翼托著子宮。大家斗大的汗珠一滴一滴落下，這種消耗體力的工作，恐怕也是大動物獸醫師這份職業長期以來男女比例不均的原因。

阿金伯年歲已大，遇到這種事情一個人不好處理，好險在鄉村街坊鄰居都相識，願意互助合作，人情味濃得像奶一樣。半小時後，子宮順利推入骨盆腔，從外觀上看起來彷彿什麼都沒發生過。這時如果有外人經過，恐怕完全無法理解這幾位大男人到底在忙什麼東西。還好這頭牛配合度很高，在過程當中並沒有太脫序的情緒。

聽酪農說過一個很特別的做法，就是拿著臺灣啤酒玻璃罐的空瓶把子宮塞入。較長的瓶身延伸了手的長度，粗細適中且堅硬，是在外隨手好取得的便利工具。

除了這個功用，如果要灌食牛隻一些液體的治療藥劑。細長的玻璃啤酒瓶也是最好的用具，不易被咬破，容易抓握。聽聞以前的營養補充品較為不足，在母牛生產完會給他們喝一手玻璃瓶的臺灣啤酒。這種「液態麵包」容易取得，可以快速補充產後母牛的熱量需求。至於無法被人類察覺的疼痛和虛弱，多少也有正面的幫助吧？最近因為各種進口的乳牛營養補充品愈來愈多，也就很少聽到有酪農採用這種方式了。

布袋針怎麼用？

看到子宮終於順利推入，大家心情都舒緩了大半，現場開始有了玩笑聲。

「阿嘉，你那支細細摳，閣真有力哦！少年家，按呢不錯！」

從外觀看起來，這隻母牛已經完全沒有任何異狀了，真的是很有成就感的過程。最後，為了避免這隻牛在我離開之後又把子宮擠出腹腔，這幾週要先把陰道口暫時縫合固定，縮小開口。

我笨拙地拿著布袋針，不知如何下手。按照教科書寫的方法，要穿過整個陰唇的外圍，侵入的深度和廣度都很大，且僅有特殊工具適用。還好老獸醫佐就在現場，可以指導救援。

「師傅，該怎麼用呀？我沒有用過耶……」

圍繞在附近的年輕酪農、阿金伯七嘴八舌，大概是看不下去。我問得理直氣壯，也真是不好意思。學藝不精，遇到需要用頭腦發揮創意解決的時候，學校學的似乎都不再管用了。

老獸醫佐一派輕鬆，要我戴上厚厚的布手套。

「哎呀，很簡單啦！不要想得太複雜，有力氣就行了！」

直接抓起陰唇的兩側，用布袋針穿過，用簡單間斷縫合法打個結。就像小朋友太愛講話的時候，老師總會恐嚇要把嘴巴縫起來的那種方法。不過由於陰唇兩側相當厚實，用布袋針穿入要花上吃奶之力，手掌也很容易就會被針的尾端戳到受傷。

先簡單做個局部麻醉，原本還很擔心這樣的縫合會不會造成太大疼痛。但這頭牛比我想像中的要勇敢多了，沒有聽到一聲哀鳴，也沒有伸腳踢我。

短短的五分鐘，弄歪了兩根布袋針後，我順利地完成任務。

令人驚訝的是，這樣的縫合方式遠比書中所教的要簡單方便得多，傷口也更小。過一段時間，阿金伯就可以自行拆掉了。

現場，才是真實的

雖然終於把國外進口的專業器械備齊，但這一天以後，我仍隨身帶著兩支布袋針和一綑布袋線。啤酒瓶就不帶了，怕被警察誤會。

做這一行，我不斷提醒自己，沒有最好的醫療，只有最適合當下的醫療。過去在校園中，偶爾會聽到前輩或學長姐們分享開業術，獸醫診所有時會因為現場器具設備不足、經驗不足，或超過了營業時間等原因，進行轉診或拒絕看診。這和後來我自己進入醫療第一現場，跟著這些「土師傅」工作時的所聞所見截然不同。也因此，我一直對於傳統醫學和在地的土師傅充滿尊敬，因為醫療的本質並不是藥品的先進或設備的昂貴。而是透過有限的資源，讓生命有多一點的機會。

然而，在文憑掛帥的時代，專業人士卻普遍對這些土師傅的智慧有疑慮。在校園教育裡，愈來愈不重視常民知識（lay knowledge）的傳承，變得似乎只有「正規」的訓練才值得學習；博士與教授的頭銜，甚至是那張「獸醫執照」，才代表著社會與學術界賦予的知識正當性。其實回歸現場，能夠「解決問題」遠比「拿到學歷」重要太多了。

「現在年輕的畢業生，最糟糕的地方，就是他們太早拿到了一張獸醫師執照。」

那天，彰化的一位酪農這樣對我說。

仔細想想，還真的是令人毛骨悚然。因為擁有了學歷和執照，反而對於能力有了錯誤的認識。到底自己會什麼？也許我們不需要透過什麼文件來證明自己行不行，因為挑戰一來，自然會證明我們到底行不行。

有太多的現場技術，需要透過各種的經驗累積，在向這些前輩學習的過程當中，往往是一句話、一個指點，就解決了我好幾年的困擾。土法煉鋼的扎實歷程，與踩著科學的系統化肩膀，對我有著不一樣的體會，但更慶幸自己不是太愛死讀書，對於能夠找出解決方法的人，更是崇拜不已，感謝這些土師傅給我的醍醐灌頂。

在這個產業內，通常聽到「學術」兩個字都是較負面的；「現場」才是真實的，有血有肉有汗水。我們這些獸醫懂的實在太少，能做的也有限。且最後決定這頭動物是否復原的實際原因，通常和牠自己有關。我的師傅對我說：「當你覺得你一定對的時候，就一定是錯的了。」

提醒自己面對醫療，要謙卑再謙卑。透過不斷地學習，讓自己對得起這些生命。不懂的時候，就臉皮厚一點，這是我向土師傅學到最重要的事情。

刀子嘴熊哥

「和你說病因，之後可以注意一下。」

「不用，你就講結論。」

熊哥對我揮了揮手。

「喔，這次也不想要知道為什麼嗎？」

「不想。」

熊哥叼著菸，一動也不動地注視我。

我硬擠給他一個苦笑。

「欸，再考慮一下啦。沒有想要養得更好嗎？」

「工作是為了下班，不是為了把工作做得更好。可以嗎，高材生？」

「是的，老闆。」

我用沾滿糞尿的左手，行一個笨拙的舉手禮。

「對了，阿嘉，等一下留下來。我們去吃牛排。」

當頭棒喝

你有沒有認識一種朋友，脾氣有點古怪，講話三字經超多，一開口總是讓人覺得有攻擊性，但相處久了，你深知他內心柔軟，只是外在舉止與吐出的話語特別凶悍？屏東的酪農熊哥，在我心中就是這樣的朋友。

他的身材寬胖，有時看他開車，是需要把身體「塞進」駕駛座裡面，然後小心翼翼地關上門。因為天生體型巨大，當他說起嫌惡的話，感覺也格外有力道。我就是一開始被他的氣場震懾到的牧場菜鳥之一。

記得剛踏入這個行業時，公司的老闆向他介紹我，說我是「臺大畢業的獸醫」，他一臉不屑，後來我才知道他最鄙視看似見多識廣的一切人事物，因此總沒給我太多好臉色。

「喔？臺大的獸醫怎樣，特別厲害嗎？」

真不知道該怎麼回。我只好一直低著頭，說著「熊哥您好」、「以後還請您多多關照」之類的話。

土性強的熊哥，平時的說話「氣口」也往往讓我難以招架。因我當時是獸醫師兼業務，免不了向他請教牛隻吃了乳牛保健產品後的情況。經常話音一落，他就回我：「哎唷，你們家的東西貴得要死，吃了又沒效。今天如果沒別的事，可以走了啦！」

這類連珠炮似的一陣猛攻，真的不知道該如何回應。回想那時候我在牧場最常有的表情，就是尷尬一笑。只要和他互動，苦笑幾乎是我的標準配備。

直到相處久了，熊哥可能慢慢發現我在獸醫工作上還滿有模有樣的，所以對我有點改觀，開始會把我看成他的朋友。

「熊哥式」邀請

有次我去牧場一趟，幫忙熊哥處理工作以外的事情，看得出來他很感激，但也沒特別說什麼謝謝，當下就是靜靜看著我做事。結束後，他說要帶我去四十分鐘車程遠的美濃吃飯。我想到下午還有行程，有些為難，但他完全沒在客氣的。

「快上車！我安排好了。走！我們去美濃吃飯。」

熊哥講話經常是命令式的，沒有在管別人好或不好，自然也不會太關心對方是怎麼想的。長期待在他旁邊靜靜觀察，我發現真相是熊哥不知道怎麼拜託別人，心裡又怕被拒絕，所以那麼多年來，他只用這種語氣與人溝通，包括他的老婆。

「哎呀，身材難看的黃臉婆，穿什麼都一樣啦！別挑衣服了，快上車。我們要去美濃！」

熊哥的老婆為人和善，平時也非常照顧我。我有時候聽到這些話，總是尷尬，但看著這個家的每一位成員，好像已經非常習慣熊哥的講話風格，不會特別覺得冒犯，臉上也未有任何一絲不悅，彷彿沒事一樣。

就這樣，我經常在看診結束後「被安排旅遊」，熊哥曾經騎著機車，帶我到牧場附近的山上，向我介紹螢火蟲的復育地，也帶我拜訪過一位與他私交甚篤的國寶級藝術老師，這位老師甚至還送過我一幅字畫。我似乎在這過程當中，參與了他覺得值得分享的生活，也把我當成一個值得分享給其他人的朋友。

最有趣的，莫過於有天起床，突然發現他把我加進一個群組，裡面有一大群異性戀的男性朋友，專門分享一些看起來養眼的「好康」。我直接按了退出，沒想到幾秒後，他一通電話就直接打了過來。

「喂！你在幹什麼？我好不容易打通管理員那邊才把你加進來耶！」原來他對朋

友的重視，就是分享喜歡的東西給他。

每次熊哥提到這段趣事，都笑我實在是有夠笨，這樣魯莽地退出群組，錯過了多少好東西。總覺得熊哥有一股獨特的可愛，要時間久了，旁人才會察覺。

逃避有時有用

酪農業這種大量勞力活的工作，需要全副時間投入，但熊哥一向對養牛興趣缺缺，只把此事看作一種勉強糊口的工作，更盼望孩子趕快長大承接家業，以便自己盡快脫離這種無限迴圈的乏味生活。而因經營態度長期偏向散漫，飼養狀況必然時好時壞，幾個小孩很早就向熊哥表明不想養牛，畢業後就搬去城市裡生活了。

其實，這種守在農村、卻已無心力追求飼養成績的農友，在我看過的酪農裡，真不算少數。

畢竟他們一年四季，都得過著一樣的日子，在同樣的時間幫牛榨乳、拌料，在同樣的時間休息，在同樣的時間清理牛舍，在同樣的時間吃飯，在同樣的時間睡覺。每天的生活都很單調、沉悶。

也難怪個性直爽的熊哥，總會想辦法在工作當中安排一些增添生活趣味的事情，不然他會悶到受不了吧！縱使我也知道，在熊哥完全不追求更優異的乳牛飼養成績之前提下，我們這些乳牛獸醫師只能提供「若有似無」的醫療服務。

「這隻上次配種是什麼時候？」

我在柵欄的另一頭問熊哥。

大部分隨著乳牛獸醫做直腸觸診的酪農聽到這句，會立刻翻找紙本紀錄，精確地念出某個日期，讓獸醫的診療有跡可循。

「哎呀，隨便啦。你就幫我看有沒有孕就好了啦。」

這是很「熊哥式」的回答。我想他平時根本是沒有在管這些的。

一開始的我，還真不太習慣這種回答，然而想想，我的存在，可能對像熊哥這種覺得工作煩悶又無趣的酪農來說，算是一種長期陪伴。讓他們在百無聊賴的生活裡，有了點不一樣。

熊哥每次想離開牧場，去吃些好吃的、玩些好玩的，總不會忘記順便把我這位菜鳥獸醫帶上。雖然他從不問我需要與否、願意與否，或有沒有時間。這種強迫式的相處，需要適應，但我也逐漸明白，那是滿滿的善意。

不難感受到，他真的把我當成很重要的朋友，想帶我這位年輕人遊山玩水，一步步認識他的世界。

當然，多數人也許會好奇，他遇到朋友時，會怎麼向別人介紹我呢？

我發現，他的固定臺詞是：「這我朋友啦！他叫阿嘉，是臺大畢業的獸醫師。」

這個時候，我總會看著他傻笑，他也會報以我相同的眼神。

那一刻，我們倆好像同時明白了些什麼。

暖男果爺爺

我坐在一群操著海口腔臺語的酪農當中。

「阿嘉，怎樣？」

指甲黑黑的果爺爺盯著我，神祕兮兮地舉杯，喝了一口茶。

「什麼怎樣？」

我滿臉疑惑。

「剛剛阿文問了你兩個問題，你一直還沒回答。」

身為菜鳥獸醫的我趕緊賠罪。

「歹勢啦，其實你們聊天，我一直沒聽懂。」

全場一陣爆笑。對，正如預期，今天的我又被大家當成笑柄了。

漬過的時光

有酪農想約我過來一起喝茶，總是一件值得開心的事，即使桌子圍繞著蒼蠅，使用的茶具外表烏黑，內層附著厚厚的茶垢，彷彿從來沒有清洗過。

果爺爺長滿繭的粗手，遞來一罐沉甸甸的泡菜。

「阿嘉，上次我們不是問你要怎麼填表單網購嗎？」

對了，上次來看診時，果爺爺和一群長輩掛著老花眼鏡，來問我現在年輕人怎麼網購這類醃漬產品。我教他們要如何匯款、如何回填「末五碼」。

「我們成功買到了！來，這一罐是你的。」

果爺爺自動將語言頻道轉成他較為陌生的國語，確認我能接收到他的好意。

儘管我真的不太吃這類東西，還是張開雙手，笑容可掬地收了下來。這種紅蓋子的玻璃甕，菜脯、蔭瓜、豆腐乳等，就這麼一罐罐堆積在我家廚房，一動也不動。我知道這些是酪農最純樸的心意，只有被他們當成自己人，才能拿到這些禮物。

出診途中，坐在停靠在路邊的車裡打盹時，想起這些陳年往事，仍是如此鮮明、深刻。

大概是因為行經臺西吧！那是我菜鳥時期的其中一個養成基地。

臺西知識分子

之前看報導講到臺西鄉，指出這裡多年來年輕人口大量外移，更可能是臺灣癌症發生率前五高的鄉鎮。

開車經過這裡，很容易看見一些蚵仔殼在住家門口疊成了小山。此地有許多人以挖蚵仔維生，於是東一落，西一落的蚵仔殼，成了臺西獨有的特殊地景。我還曾特別把車停在旁邊，走進村莊裡繞繞，看到滿堆的蚵殼旁邊有七彩繽紛的塗鴉牆，畫上了各種不同國家的代表角色，原來過去有好幾年固定會有國際志工來這邊，在這個偏僻的鄉村中留下了非常國際化的點綴，雖有些衝突，卻是印象深刻。有時候回想起這些畫面，不禁浮現起在臺西出診的點點滴滴。

臺西在我心中始終有個特別位置。開始成為獨立出診的獸醫師之初，就聽聞這邊因為地處偏僻，酪農戶又少，幾乎沒有獸醫會來訪，然而我很樂意到沒人去的地方走走，感受時間在此靜止，以及空氣裡散發的閒適氣息。

雖然這幾年已經沒在那一帶服務了，但車外的風呼嘯而過，我依然想起了果爺爺慈祥的臉龐。他早期是農村中少數獸醫科系畢業的專業人士，不少養牛的人有醫療問題，都會到他家請教。他更是讓我暗自期許「以後也要成為這種長輩」的楷模。

除了獸醫專業，在那教育尚未普及、村子裡識字者不多的時代，果爺爺相當樂意分享自己的知識，幫助許多村民解決問題，讀懂他們看不懂的東西，熱心地解釋給他們聽。當然，偶爾也要充當調停的和事佬，甚至抽空幫鄰居寫寫信。因此，在當地是有名望的知識分子。

後來，果爺爺因為幾位親戚要養牛，一起合開了一個牧場，成了酪農兼獸醫，生活更忙碌了。直到近年得了五十肩，手臂沒辦法舉過耳朵，才漸漸不太外出服務。

果爺爺在幾十年豐富的獸醫出診經驗中，累積太多不同的案例，是教科書看不到的活字典，因此成了我最喜歡過去叨擾請益的前輩，也讓我有個好理由開車到這個幾乎被遺忘的鄉鎮。

曾經有幾次在現場醫療失敗的經驗，總會來到這邊和果爺爺分享討論，他也會把過去的做法輕鬆地和我分享。感受到那些累積已久的閱歷，是透過太多動物的生命而學習到的，能夠有這樣的智慧傳承，是最珍貴的醫療學習資產。

不考不相識

回想第一次看到果爺爺時，他和我說自己現在不中用了，希望我能擔任他牧場的獸醫，這可是非常榮幸的事啊！能夠幫得上獸醫前輩的忙，相信一定也能從中學習許多。於是我們約了幾天後的某個早上，幫全場的牛隻做繁殖檢查，確認每隻牛媽媽是否懷孕。

當天早上，果爺爺看到我拿出超音波設備，覺得有些新奇。以前純粹靠經驗和手感，沒有這種科技設備輔助，更別說短短一個小時就能結束工作，把全場一百隻牛通通檢查了一遍。

換下髒兮兮的衣服，我坐在充滿灰塵的沙發，喝著爺爺泡的茶，準備聽他說一些在牧場上發生的故事。

「原來用超音波檢查的速度這麼快！我們來看看有幾隻牛懷孕……」

沒想到果爺爺冷不防地拿出一份資料表，原來他不確定剛出社會的我經驗是否足夠，為求謹慎，前一天晚上忍著五十肩的疼痛，把其中最難診斷的十分之一先挑出來檢查了一輪，今天剛好可以比對有沒有落差。這對我來說是一大挑戰，原來這是個考場啊！但在擁有幾十年經驗的前輩面前耍大刀，總是該接受檢驗的。我鎮定地繼續喝著茶，安靜等待結果。

沉默半小時後，果爺爺非常戲劇化地露出燦爛的微笑和一口不太整齊的牙齒，拍了拍我的肩。

「你不錯哦！我昨天先摸過的，你全部都答對！走，我們來去吃海產！」

那充滿滄桑感的海口腔調並不是我習慣的臺語，第一時間沒有聽懂，但看到他的笑容，我也笑了，終於鬆了一口氣。能夠被前輩肯定，也知道未來有資格繼續為他服務，真的非常令人開心。

後生的楷模

雖然已是一位七旬長輩，果爺爺和年輕人聊天，還是純真得像個眼神會發出亮光的小孩。他求教的態度，完全沒有一絲長輩的架子，只有濃烈的求知好學，以及尊重專業的語氣。更經常把自己當成一個徹底歸零的學生，向我請教過許多現代醫療的看法，包括最新科技會怎樣處理傳統的牛隻病症。我很清楚，在資歷上，果爺爺大我好幾輪，但他對後輩一向謙遜、溫和，完全沒有任何張揚、炫耀的意味。

知道很少年輕人願意從事大動物獸醫師這一行，身為「大學長」的果爺爺總是對我格外照顧。只要是我坐在他們家喝茶，我的茶杯永遠不會空，因為他會一直幫我斟滿。他說，希望我在臺西的任何時候，都可以感覺像是回到自己舒服的家。

在高齡化問題嚴重的農村，許多人辛苦了一輩子就為了給孩子最好的教育，甚至不惜把他們送離家鄉遠遠的。然而幾年前的某一個冬天，果爺爺的小兒子因為心肌梗塞過世，走的時候才三十幾歲。從那天之後，我幾乎很難再看到果爺爺的笑容，他的臉上也看不到任何表情。

再到後來，才得知果爺爺罹患了口腔癌，兩年內就虛弱到需以灌食維生。而長年受疾病糾纏的師母，也因為罹患胃癌過世。兩老就此消逝在臺西的地景。

這個家庭沒有人再接手繼續養牛了，我也很少再拜訪臺西。只是偶爾在國道上，看到指示牌上的「臺西」二字，便想起我面前那杯滿溢的茶，還有果爺爺總是掛著微笑的溫暖臉龐，心頭難免一揪。

「你們年輕人好厲害，會用這麼多新科技。我們要多多向你們學習才對啊。」果爺爺的聲音猶在耳邊。

我真心感謝果爺爺當時的陪伴與教導，感謝他對我的信任。如今，我依然在這個產業沒有離開，未來也會繼續努力。

盼他此生不再受病痛糾纏。

想念，願大學長一切都好。

生活在地方

許多牧場位在臺灣西部的沿海地帶。由於海風大、鹽分高、土壤貧瘠，不利於栽種農作物，政府過去劃定這些區域為集約飼養的酪農區，年復一年，也形成了一定的規模。

為什麼特別提到這些？因為冬天的牧場，在講求通風的畜舍設計下，實在是「冷吱吱」！

尤其當寒流來襲，站在酪農區裡的牧場工作，寒風刺骨的程度更是加倍。無論多冷，獸醫的工作服永遠都只有短袖。做直腸觸診，穿長袖可沒辦法作業。

偏偏，我是個怕冷的獸醫……

意想不到的「溫暖」

牛的體溫一般比人類高上攝氏一到兩度，因此，直腸觸診是我一天中最能感受到「溫暖」的時刻。特別在冬天，「摸牛」簡直是一件療癒的事情。有時候就算口頭念完了檢查的資訊，我依然會將手留在直腸裡面，捨不得出來。直到酪農用手指點了點下一隻牛的位置以後，我才迅速將手拔出，滑進下一隻的直腸裡。

戴著長手套的左手，這時候如果平舉在空氣中，可以用肉眼看見它不斷冒煙、熱氣蒸騰。想不到吧！人們認為最汙穢的地方，其實恰好是我的避難所。

「阿嘉，早餐已經放在客廳囉，稍後看完診記得用嘿！」自鳴得意到一半，慶良叔叔溫柔的呼喚，在牛舍的另一邊響起。

「緊來食早頓！」

在牧場，做工的人總是很早吃飯，因為乳牛開始榨乳的時間約是清晨四到五點。六至七點，牧場第一階段的勞力活就已經暫告段落，這是酪農們習慣圍坐下來進食的時間。

乳牛獸醫經常是在早上七到八點這段時間抵達牧場，趁著牛隻進入頸夾吃草時，順勢開始進行例行的獸醫工作。我服務的酪農家庭經常幫我準備早餐，但我一路工作到早上十點，等到有時間吃東西的時候，食物大多已經放涼了。

貼心的慶良叔叔察覺到這點，於是做出了改變。他們點了點待檢查的牛隻數，往回推算我工作的時間，在例行檢查快結束的二十分鐘前，才特別開車出去買早餐。讓我下工後吃到的卡拉雞腿堡、炸雞總是酥脆的，蛋餅、豆漿依然是熱的。

我的一天，經常是從這樣充滿人情味的一餐開始。

謝絕來訪的電動時間

農村時光悠悠，一般人可能認為任何時間點去拜訪農家，都是大同小異的。其實在地人心裡有著沒說破的默契，就是要避開上午十一點到下午兩點半的時間。畢竟牧場的工作是早晚兩班，一大清晨就要起床，晚上又要擠乳到七、八點，中間的午休對他們來說非常重要，不太方便接待外賓。如果還自造訪，有時候他們嘴上客氣不說，但私下會覺得「這外人怎麼不太上道」。

所謂江湖規矩，就是大家一直以來都這樣習慣的事情，若還得明文規定，顯得多俗氣。

無奈的是，乳牛獸醫在早上出診工作結束以後，經常就處於農村生活中最尷尬的時間。如果下午要到別處牧場出診，中間這段時間除了鑽回汽車駕駛座睡午覺，其實是無處可去的。

「阿嘉，隨時等你來ＰＫ。」

「好。有輸過，沒怕過！」

「五戰三勝？」

「行。左手讓你啦！」

「免啦，拎北今天要踏踏實實打敗你！」

「別嘴砲，中午見真章！」

掛上電話。打給我的人是酪農阿應，他約我去他的書房打電動。

酪農家庭多半「生養眾多」，阿應是為數不多的獨生子，和爸媽感情十分親密，也很早就開始參與牧場營運，把家業經營得有聲有色，還是整個酪農區唯一擁有自己的哈雷機車的牧二代，拉風到不行。

因為年紀相仿，阿應和我就像朋友一樣聊得來，他也總是大方地把他那些珍貴的「玩具」與我分享。大學的時候，我可是騎仿賽車款的二手打擋機車！第一次騎上哈雷，戴上墨鏡，好像不帥也變成帥的了。在酪農區的小徑馳騁，看著稻浪吹著風，又時尚又在地！

以前，作為國小老師的媽媽通常不允許我打電動，也不太讓我看電視，因此我的青春期玩樂大部分是打打桌球、籃球，或是偶爾偷偷和同學上網咖玩連線遊戲。阿應的童年則與我完全相反，他幾乎擁有所有電動的最新機種，不過也因為是獨子，所以從小到大都在找玩伴。

「喂！阿嘉，你今天早上如果看完診沒事做，介紹你一款超好玩的遊戲，我剛新買的。」

沒問題，當然去！比起只能鑽回車上睡午覺，玩電動踏實多了。

就這樣，我在阿應的房間玩過賽車、戰機、格鬥、戰略、捲軸闖關、第一人稱射擊，幾乎補足了一位少男在荷爾蒙迸發的青春期原本該具備的所有元素。特別是在年輕人流失嚴重的鄉村中找到同齡好友，真好！

牧場辦桌

「阿嘉，我們先洗個澡，換一下衣服。你先開車過去，他們已經在備餐了。」

「沒問題，稍後婚宴見！」

身為一個臺北長大的孩子，對於「流水席」三個字總覺得陌生又新奇。去到了農村，才發現這是很稀鬆平常的景象。尤其遷戶籍到雲林後，應該已經吃了不下十次的婚宴辦桌。特別的是，酪農家庭設宴，地點經常就在牧場。

牧場的宴客經常辦在中午，因為一般人的晚餐時間，酪農大多還在擠奶，也方便附近牧場的友人或酪農的親戚（經常同是農友）一早先忙完家裡的事，換上正裝前來赴約。而在都市婚宴經常看到新人「二進」時換一套禮服進場，在牧場則變成新郎新娘匆匆脫下正裝，套回工作服，回到窄窄的榨乳室，趕牛，上乳杯，迎接下午四點開始的榨乳時間——畢竟牧場每日的例行工作，一項也不能少。

這幾個小時雖然看似壓縮又忙碌，但好吃的、好玩的、好笑的，樣樣不缺。酪農喝起酒，講出各種笑料爆點，有時也成為了我們日後閒聊的經典。

剛開始確實難以想像，就在這樣的場地旁邊，有幾個人搭起一座棚，拉起黃色軟水管，去魚鱗，剁豬肉，川燙海鮮，熟練地將真材實料裝進斗大的盤子，端上用紅色塑膠袋稍微包裹組裝起來的臨時旋轉桌面。我還看過總鋪師抓起幾斤重的大龍蝦、大閘蟹，神氣地先繞桌一圈，做足了主人的面子。這幅畫面，是非常有趣的。

而在牧場邊吃飯，氣味更是很「特殊」的。因牛舍是有架設屋簷的開放空間，牛就在旁透過頸夾將頭伸出去吃飯。我們吃一口總鋪師調製的龍蝦沙拉，鼻子會聞到牛舍、青草、穀糧，各種大自然味道的混合。牛的食物、人的食物，結合卻不衝突，畢竟牧場原本就是酪農最熟悉的地方，大家吃得津津有味，沒人在意附近有牛哞哞叫。多年下來，我也已經習慣這樣的環境，從早餐吃到辦桌，沒有任何不適或猶豫。

空中農村講堂

「阿嘉，稍後吃完飯，要不要和我們去玩空拍機？」

「噢！最近有什麼好拍的嗎？」

「最近附近要開始採收啦！割稻以前，我們去拍一些稻浪。」

「好啊，一起走！」

幾位酪農的二代是男孩子，不管大我幾歲或小我十多歲，在農村裡都管叫「年輕人」。大概是受我這個都市人影響，開始接觸空拍機。科技產品在都市生活很容易變成流行，我大多扮演「推坑」的角色，他們也愈玩愈有心得。又因我這個臺北俗沒看過水牛耕田，也沒見識過花生採收，他們大驚，說著：「怎麼可以不知道？」此後，便開始幫我「補習」專屬於我的「空中農村講堂」。

透過他們的眼睛，我看到了這群在地人最實在的生活。

一開始，他們只是拍興趣。將自己的影片，上傳到一個新開的粉絲頁，介紹在地風光、文化。沒想到後來有一些選舉造勢或承辦活動的單位想要與他們談合作，希望他們出機拍攝。這大概就是所謂的無心插柳柳成蔭吧！

「欸，你知道嗎？我昨天有飛去你家。」

阿品、阿俊，幾個人一邊操作著空拍機，一邊講些五四三。我蹲在旁邊聽他們講話的內容，有時比空拍更好玩。

「靠……你飛來我家做什麼？」

「人家關心你啊，看你平時在做什麼啊。」

「啊我在做什麼？」

「嘿嘿，我有拍到你偷偷在水溝尿尿唷……」

「三小?!」

「真的有拍到喔！你不信？」

阿品作勢打開臉書粉絲頁，準備上傳影片。

「來，各位鄉親！放大給你們看！」

「傳給我！傳給我！」

幾位酪農開始起鬨。

「夭壽喔，麥啦！」

受害者發現真有此事，趕忙把起鬨者的手機搶到懷中。

我看著因追逐而愈跑愈遠的他們，發覺自己無意間創造出「相揪一起玩空拍」的特殊情誼。平時工作單調的酪農，也在其中找到能讓乏味生活變得多彩多姿的樂趣。

聽著這些笑料與打鬧，清風徐來，輕閉雙眼。

曾經在一本書裡看過這句話：「農村是來拯救都市的。」[11]

我想，我之所以會深深愛上農村，是因為農村的這群人。他們為我這個城市長大的孩子，賦予了另一種意義。

註11——出自《食鮮限時批：日本食通信挑戰全紀錄》一書，遠足文化出版（2016.07）。

神聖的句點

你有沒有想過，自己人生的最後一天，會怎麼結束？如果有得選擇的話，你希望以什麼樣的方式與周圍的人告別？

選擇醫學這一行，經常會見證一個個癱軟、危難的生命，目睹牠們與死神搏鬥的過程。我漸漸體認，有些勝利，背後並沒有想像中那麼完美；有些臨別，其實也不代表真的需要呼天搶地、矢志迴避。

在救得活與救不活之間，醫療人員只能選擇謙卑。

身為獸醫的使命，就是解除動物的痛苦。但也不得不說，當盡了所有努力，頑固的重病依舊毫無起色，眼看動物疼痛、掙扎，獸醫與飼主也不得不開始思考，醫療的最終極手段——「安樂死」（euthanasia）。

什麼是安樂死？這個詞來源於希臘語，意思是愉快或安逸地死亡。核心精神是為了讓患者少受折磨，讓患者在降低的痛苦程度狀態下，離開世界。

在缺乏討論脈絡的現實裡，安樂死經常和殘忍、殺戮、奪命等負面詞彙聯想在一起。如果先屏除主觀的價值判斷，純以解除痛苦為前提，安樂死在某種情況下，確實是一種不得不為的醫療抉擇。

關於安樂死，英文裡有個優雅的描述——put to sleep。讓選擇這項醫療方式的對象開始睡眠。平靜、安穩地永遠沉睡。

那麼，如果需要解除痛苦的對象是你飼養的動物呢？

動物與人最大的差異在於——動物沒有主動決定權，因此擁有者和醫療執行者背負了更大的判斷責任。

當大動物受傷時

同一種病況，在大動物身上的判定，與小型動物的判定是完全不同的兩回事，因為許多難以撼動的硬條件，是背負在這兩種截然不同動物身上的先天差異。

一般貓狗發生骨折，透過手術或是外固定，無論是打骨板、釘骨釘，只要盡量固定患部，就能期待牠有再靠自力行走的那一天，即便最終有一隻腳不便於行，三隻腳仍有機會繼續過日常生活；而牛與馬遭遇骨折，可能就無法盡如人意了。

在獸醫的檢傷判定，牛馬等大型動物骨折屬重大傷病。因為牠們的體型龐大，重量高達六百公斤，就算真的手術成功，因為重量壓迫在骨折處，很難完全固定，幾乎沒有癒合的可能，三隻腳的牛或馬也無法站立。因此據獸醫的臨床經驗，要是大動物身上發生這類狀況，經常只能和飼主討論以安樂死作為解除痛苦的手段。

這年的春天，牧場迎來了幾個新生命。最耀眼的那隻小牛，叫作「大頭」。這名字是一位住在都市的朋友蘿拉取的。她那天正好來到牧場，一個人待在小牛區，和這隻剛出生不到幾天的小牛相處起來特別投緣。小牛的頭是全黑的，而且看上去明顯比其他的小牛大上一個量級。

一般在牧場，乳牛都掛有耳牌，因為飼養規模動輒二至三百隻，大家習慣用編號來溝通。遇到比較調皮的牛隻，酪農也會特別記得他們的編號與特徵，提醒準備診療的獸醫師。

蘿拉在酪農面前輕撫著小牛的頭，徵得酪農大嫂同意，從此之後，大頭就成了這隻小牛的名字，也是這間牧場有史以來唯一有名字的小牛。

蘿拉平時特別熱衷救援流浪動物，也與酪農相當熟識。酪農會不定時傳送照片與影片給蘿拉。

「來，這是今天的大頭。」

「謝謝！一看到她，我整個人都重生啦！」

一天，酪農緊急打電話給我，表示有隻小牛因為貪玩，和其他小牛對撞，不慎跌入水溝，傷得有點嚴重。我當時正好在附近，連忙驅車趕來。

那隻疼痛哀哭的小牛，正是大頭。

仔細檢查，發現牠的症狀正是牧場最不希望看到的「開放性骨折」[12]。這種傷很難徹底痊癒。有牧場管理經驗的人，看到這景象，難免感到遺憾。

我深吸一口氣，向大哥大嫂遞出了檢傷報告。

「唉……」

狀況不樂觀。現場只能一直聽到大頭的哀鳴。

「這可能是唯一辦法了。」

大哥與大嫂向我輕輕地點了點頭，便退去後面。沒有再多說什麼，但眼神依然無限不捨。

那一天，我們三人就這樣保持沉默，直到黃昏。帶著診療工具離開前，我看著那臺緩緩駛入牧場、準備來載走大頭的小卡車。

一週後，收到酪農的訊息，說蘿拉正問起大頭過得好不好，能不能給她看一下照片。該怎麼回？要告訴她嗎？

記得那一天，我的心情滿低落的。不只是為了大頭的離去，還有一份不知如何向朋友說明的酸楚。

想起蕭醫師教導我的：「別人可以看著動物說『哎呀好可愛！哎呀好喜歡！』，但我們是專業獸醫。生與死，是我們走進這一行，每天必然面對的課題。」

在這些掙扎裡打滾數次後，好像真正想通了什麼。

「大嫂，是我下的決定。我來告訴她吧。」

我打完這行字，按下送出。

優雅的身影

馬場是我剛開始成為一位大動物獸醫師時，蕭醫師經常帶我去的地方。

一匹馬在世陪伴人類的時間，經常超過二、三十年，甚至可說是伴侶動物清單裡

註12——開放性骨折的骨折位置會有明顯的骨頭穿刺傷口，甚至明顯可見骨頭戳穿皮膚。

最長壽的。飼養馬匹雖不如狗貓之於都會區那般盛行，但在某些圈子裡，仍占有一席之地。老化後的牠們，重擔就落在我們這群大動物獸醫師身上。

除了受傷骨折，因老化所造成大動物身體各種慢性、漸進式的折磨，對飼主、環境形成的影響，也無法與小型動物放在相同基準比較。貓狗不舒服，可能會躁動地用聲音傳達；而大動物因痛苦所展現出來的攻擊性，對飼主有時非常困擾。牠們不只體型壯碩，力氣也驚人，若真要傷害飼主、傷害環境、傷害自己，造成破壞的程度和小型動物相比，可完全不是同一種量級。

跟著蕭醫師出診那一次，至今仍令我印象深刻。四月的桐花在老莊路旁的山頭上一叢叢開著，就像是整座山突然一夜白頭。我和老師兩個人，兩部車，停在路邊看著此般生命綻放。出診的路途也是生活的一部分，不同季節在不同縣市當中穿梭，總會有不同顏色的風景。我們沿著山路一路開，來到這間馬術中心，有股安靜的力量壟罩整個馬舍。

Ranger 是一匹了不起的馬，在牠最風光的時候，曾經六度拿下馬場馬術比賽的冠軍，每一次比賽都是偉大的故事。但牠現在已經老到站不起來。

那年，我二十七歲，癱坐在我面前的 Ranger 則是三十歲的高齡——牠在我出生前就已經在為自己的生命努力奮鬥了。

深深記得那一天，因為隔天就是我領到退伍令的日子。Ranger 靜靜躺在地上，這是牠受苦的最後一天。當下只覺得還在當兵的自己實在沒資格說：「哎呀，生活好苦悶喔。」

大部分的獸醫應該都很害怕面對這樣的場景，不僅僅是見最後一面，甚至必須用自己的手結束牠的生命。對於執行者，安樂死不完全是一件安樂的事情。

垂垂老矣的 Ranger，原本還有力氣去撞周圍的圍欄，情緒高張，四處磨牙。隨著我們巡迴出診了幾次，不難察覺牠日益消瘦。到最後一次，只剩癱坐。牠好幾天吃不下任何東西了。行動遲緩，脾氣差勁，每多活一天，也是多折磨一天。因為無法適應身體的不舒服，不斷碰撞之下，脆弱的皮膚也已經到處都是傷口。

我仔細觀察牠倒臥的身軀，肋骨已經瘦弱到可以數算一共有幾節。幾乎能用肉眼看到牠體內每一具骨骼的蜿蜒，像是一雙免洗筷上面輕蓋張薄薄的褐色手帕。

「蕭醫師，如果試到現在真的已經沒有其他方法了，怎麼辦？」

飼主是何老闆。原是一位朝氣蓬勃的中年男子，這天，他神色黯淡地提問。

蕭醫師沒有說話。沉默許久，走上前，靠近老馬。蹲下，輕輕撫摸老馬的頭。溫柔地端詳著牠毫無生機的眼睛。幾分鐘後起身，緩緩走回何老闆身邊，將手輕搭在他的肩上。

「小何，Ranger 老了。」

或許是意料到這一天終於到來，何老闆開始啜泣。

「讓牠好好睡吧，牠真的累了。」

原地大哭一陣後，何老闆點了點頭。

我和蕭醫師走到休旅車的行李箱，準備藥劑、注射器，再回到老馬躺臥的地方。

蕭醫師單膝跪下，輕拍老馬的頸部，撫摸牠的頭，在頸部的靜脈找準位置，推完整支藥劑。對錶，持續輕撫牠的臉頰，靜靜地看著牠。

隨著時間過去，蕭醫師緩緩站起，眼神依舊溫柔。那一刻充滿儀式感，我彷彿可以聽到空氣中秒針的聲音。

滴答。滴答。滴答。

二十分鐘，老馬沉睡了。

蕭醫師再次單膝跪下，檢查完所有生命跡象，方起身與憔悴的何老闆低聲討論之後的事情。

在為動物執行安樂死時，蕭醫師的眼神總是寧靜、嚴肅的。雖然他的職業生涯應該已經執行這項任務不知幾次，卻沒有一次讓我感覺到他對動物有任何一絲傲慢、不敬，或是不以為然。

安樂死的那一天，蕭醫師總是寡言。我想他的心情極其肅穆，那天下來，我們兩人很少說話。這是蕭醫師送動物走上最後一程後，我倆常見的相處氛圍。

這些畫面深深影響了我，讓我感受到獸醫師這個身分，可以是沉重又崇高的。那是我是第一次在現場目睹一隻老馬的安樂死。我沒有感到任何恐懼，反而體驗更多這個過程中的神聖性。

蕭醫師是無神論者，在教導我成為一位大動物獸醫的過程中，不太主動談死後世界。我們都是信仰科學的獸醫師。

在我們的職業生涯中，向飼主清楚解釋安樂死的必要與執行方式後，飼主最常出現反應有兩種——一種迴避執行安樂死的現場，因為不忍心看，這樣才能留住動物最可愛、最溫柔的那一面，沒有送終畫面的沾染；另一種飼主會待在現場，根據自己的宗教信仰，念著讓自己感覺心安的禱詞。我聽過佛經，也有基督教的禱告。若是白話可理解的，內容不外乎謝謝這隻動物今世的陪伴，祈求牠來生的美好。

蕭醫師無法躲避，不論飼主做出哪一種選擇，他都是執行者。

單膝跪下，撫摸，注射，對錶，觀察，起身。動物走上終點一途，每一個畫面細節，都將深刻地印入獸醫腦海。

那是我當獸醫以來第一次看到的場景，卻是 Ranger 的最後一次。在藥物的作用之下，牠在我們面前踩了踩四隻腳蹄，點了點頭，往天堂的路奔馳而去。

當獸醫跪下，溫柔地撫摸著那些動物，看著牠們緩緩睡去。每當回想起這個寧靜背影，總是我心裡的神聖時刻。

我和蕭醫師輕輕將 Ranger 的雙眼闔上，用毛巾把身上擦乾淨，肩負起送行者的角色，這是對於生命的基本尊敬。

撫摸著 Ranger 愈來愈涼的頸子，我知道牠已經準備好下一個旅程。

也許從今以後的獸醫生涯，還會有很多這樣的畫面，但是每一次，我都會牢牢記住，這是為了下一次的相遇。

回首來時路，今天的我可以穩定、安心地展現專業，是因為前面有許多動物，成為我深厚的鋪墊。很喜歡的一句話是這樣說的：「每一位專業獸醫的背後，都有一群看不見的動物，默默在過程中幫助他們有機會成為更好的醫師。」

醫療的本質

「我們無法選擇好生，但能不能選擇好死？」內心常有這個疑惑。

不知道動物在世，活在一個人類主宰的世界，是幸，還是不幸？

死亡的樣貌，經常是很痛苦的，也難怪從小長輩就說生命能夠在睡眠中死亡，是有福氣的一件事。而我學習醫療的本質，就是為了解決痛苦。在文明社會裡，當死亡不再這麼狼狽，我相信，或許能夠有效降低人類對於死亡的未知恐懼。

在確定送別的那一刻，突然發現還有好多話沒說。這是我在許多飼主身上看見的第一現場。

原來，我們對於未知的死亡，除了恐懼，也乘載著這麼多幻想與渴望。

那些與我們一一道別的動物，現在過得好嗎？

主人的那些不捨、那些自責，你們或許都在最後明白了吧。

解除了痛苦以後，願你們終於好眠。在與人一同生活的日子，願你們都感受過接納、包容與愛。

輯三

你想要什麼未來？

「如果大家都有超音波檢測儀，
我們獸醫還有存在的必要嗎？」
圍成一圈的牧場實習生們，
正輪流舉手對我提問。
原來不只酪農，
每一個行業都會面臨這樣的靈魂拷問。

疫苗風暴

「阿嘉！你今天有看新聞嗎？」

在麵店接了通電話，對方是一位心急如焚的酪農。

「有，我知道你要講什麼……」

二〇二〇年，金門出現了「牛結節疹」的案例。直到二〇二一年上半年，首次出現了臺灣的本土案例。

病臨城下

牛結節疹在動物傳染病分類中，和豬隻的「口蹄疫」一樣，都是最嚴重的甲類疾

病傳染病，會造成高燒、皮膚水腫。罹病的牛隻表皮會產生結節狀的突起，黏膜、內臟、淋巴結都可能會腫大，甚至會造成牛隻死亡。

這種病主要透過蚊蠅傳播，牛的罹患率為二至五〇％，死亡率為零到一〇％。只要場內檢驗到陽性，就是強制撲殺。對酪農而言是非常嚴重的經濟損失。

那幾天，身為一位獸醫師，就是不斷透過各種管道，傳遞正確的防疫知識，並且隨時緊盯有沒有全國性的獸醫動員令。

二〇二一年的五月，中央政府緊急從國外購買了一批「牛結節疹疫苗」，等待施打。除了原本服務的牧場，我也有收到役用牛[13]的疫苗施打。由於大動物獸醫師人力短缺，我自然也答應了政府體系為其他牧場接種疫苗的任務。

基本上，只要是合格的獸醫師，都是公部門可以被徵召的對象。但由於伴侶動物的獸醫師多半不熟悉大動物獸醫師領域，因此這類徵召令除了公務獸醫以外，最後能觸及到的，就是臺灣為數不多、總量約二十人的乳牛獸醫師。可想而知，有許多牧場是沒有足夠醫療服務的。

在日本，一位獸醫師，平均約照顧一千頭乳牛，而臺灣的這項數字，卻來到五千

註13——役用牛泛指水牛、黃牛等這類協助農民耕田而非直接食用的牛隻。

頭。這意謂著臺灣的乳牛獸醫師若要滿足完整的牛隻醫療需求，需要承擔日本五倍的工作量。

問題背後的問題

臺灣現行的畜牧法中明文規定，畜牧場應置獸醫師或有特約獸醫師，負責畜牧場之畜禽衛生管理。為了符合規範與醫療責任歸屬的實質問題，許多牧場會定期找有掛牌的獸醫簽名。即便是地方上小動物診所的獸醫，也有可能會幫好幾個牧場簽約。

而這次的疾病狀況較為緊急，政府為求及早降低染疫風險，因此，當疫苗集中到各縣市鄉公所，酪農或願意前來協助獸醫師皆可以成為執行本次疫苗的施打者。

其實這背後又存在一個總是隱而未現的角色矛盾——究竟是酪農該主動確保「自家牛隻」的安全；還是該由契約獸醫師負起「避免甲級傳染病擴大」的責任，積極帶裝上陣？畢竟要是牧場的牛隻確定染疫，後續可能發生撲殺，皆需回報中央、地方公部門。又有誰可以真正為這些後果或損失扛起全責？

每次遇上這類問題，內心總是特別掙扎。

想起二〇二一年，新冠肺炎強烈襲擊臺灣本島，出現社區感染。整個六月，電視上各種政論節目陷入膠著的口水戰，沸沸揚揚地吵著關於接種疫苗的議題。

其實，在酪農圈，類似的風暴也正席捲而來。

打疫苗

牛結節疹疫苗不是採用常見的肌肉注射，而是在牛頸部的皮下進行注射。這個部位對於施打者是很挑戰的，因為相當靠近固定牛頭部的金屬頸夾。獸醫師必須雙手用上，一手拿著針頭，另一手把頸部的皮膚拉起來。如果緊張的牛隻有突如其來的大動作，很有可能無法及時回應。無法移走的雙手會被牛帶去撞上頸夾的金屬桿，最嚴重還可能導致獸醫師的手骨碎裂。

接種的期間因為擔心疫情延燒，僅盼能盡快為所有牛隻注射完畢，每天都行程滿滿，近乎不眠不休。只能說在大動物領域這種原本就醫療人力短缺的產業，身為其中一員，必須要認命。

印象深刻的一晚，是在某間牧場注射完疫苗後，當天還排定了另外兩個牧場。我看看手錶，已經超過晚上七點，嘆了口氣，恐怕又要忙到深夜了。當我到排定的牧場繼續工作時，這個牧場的主人還在榨乳，滿頭大汗地簡單交代牛隻的分群方式與名單後，就匆匆離開。兩、三位已經工作到一個段落的小孩則坐在旁邊滑手機，看著我手忙腳亂地抽藥、趕牛、保定。心裡不禁感嘆，也許對於有些牧場而言，打疫苗只是配合政府的規定罷了。

晚上九點多，牧場的榨乳工作結束，我卻還有將近一半的牛尚未進行注射。牧場主人走過來，和我點頭致意，說聲辛苦了，就和小孩們一起驅車離開。那一剎那，夜色似乎更黑了，沒完沒了的注射工作讓我產生強烈的無力感。

這時候突然聽到一群人的聲音往我這裡靠近，五、六位附近牧場的年輕夥伴們過來關心，二話不說馬上熟練地成為一條產線，有人負責抽藥，有人負責幫牛做記號，有人幫忙我保定牛隻，邊聊天邊工作，突然又能感受到幫助這些牛隻的熱情。感謝這些伸出援手的牧場夥伴，你們不會知道我那日感謝了幾次老天。

另一種「幫忙」

某天中午在牧場施打疫苗，突然看到遠處有三個身著隔離衣、外表看似專業的人霸氣地走進來，乍看像是援軍來到，心中不免欣喜若狂。

沒想到之後發生的事情，令我永生難忘。

我一邊工作，一邊觀察。好奇他們為何要來到牧場，也想知道他們何時加入協助的行列。他們拿著一根注射用的伸縮棒，在現場向酪農借疫苗，輪流以不同的姿勢在牛隻附近擺拍，作勢要幫牛接種。各種距離、鏡位夾雜著快門聲，大概持續了快一個小時。

我頓時明白，這三位是政府部門的獸醫師。為了配合中央的防疫規定，因此他們全程穿著隔離衣拍這些形象照。

看到一群人盡力想把這齣戲演好，不免感到有點無奈。他們看到我在幫牛隻打疫苗，隨口問：「有沒有需要幫忙？」和牛搏鬥得滿頭大汗的我便立刻回他們：「需要哦，如果你們能夠一起來幫忙施打是最好的！」

「喔，這個……還是你們比較專業。我們還有別的任務，先離開囉。」

「咦，所以今天只是來拍照的嗎？」

「你們獸醫師在現場比較辛苦啦！因為天氣熱，你們也不方便穿全套的隔離衣，但長官有交代，要以標準服裝回報施打過程。這種事情我們來就好。」

感覺這種「你們專心辦正事，厚重的隔離衣交給我們來穿」的說法，是為了讓我這位現場獸醫師的感受不要太差。

他們迅速收拾了東西，轉身就離開了牧場。

我站在原地，一時不知道該用什麼情緒面對。

同島一命的「我們」

後續追蹤這次牛結節疹的疫苗反應，副作用遠比政府原本公告的嚴重。不只造成牛隻泌乳量下降，也有一些牛因這劑活體疫苗產生了全身的結節反應（類似真的罹患結節疹），幾隻牛出現了頸部腫大的情形，尺寸接近半顆籃球，甚至有牛出現蜂窩性組織炎、水腫等外在病兆。看到這些症狀，著實讓人緊張到全身冒冷汗。

由於這些疫苗從來沒有在臺灣施打過，獸醫圈內部也不斷忙著翻閱、討論所有手邊能夠查到的文獻，以及施打現場的實際經驗。透過交流來判斷，我們遇到的情形究竟只是特例，還是接種後的必然。

終究，那些擔憂、不安、憤怒，逐漸在酪農群體中轉化成了「因為疫苗造成的損失，政府是否應該要照價賠償」的聲音，甚至也有「獸醫師拍拍屁股就走，最慘的永遠還是我們這群酪農」的說法。

近期因不斷注射，開始有點麻痺、僵硬的右手虎口有時候還是會隱隱作痛。愈理解現狀的無奈，就愈難直接指著某個對象一股腦地怪罪下去。

重新回顧酪農圈的疫苗風暴，在人類社會升上第三級警戒的疫情當頭，看到一些醫療人員遭遇暴力、羞辱、為難，甚至爆發的院內感染的情形，也讓我再次思考起人類的處境。

身為一位小小的乳牛獸醫師，經常害怕自己辭不達意，把原本已經夠慘的光景變得更糟。面對人際、系統之間的複雜博弈，再看著乳牛炯炯有神的雙眼，只能暗自祈求，在牠們眼中，我能成為一位夠格的乳牛醫生。

打完疫苗，收工。夜幕低垂，白月光灑進牛舍。

「願你們平安度過每一次的危機。」

輕撫牛隻們平緩的背脊，我暗自祈禱。

自動化與存在

雨天看完診，從廣進哥的牧場收拾完器具，三步併作兩步地逃進車裡。這場難得的滂沱，看來終於回應了缺水季節連月的祈雨。

看了一下手機，點開一位媒體人老友傳給我的訊息。

「嗨，阿嘉，編輯後來決定，做一個『養牛達人』的專題，再麻煩推薦我們最適合本次專訪的酪農。謝謝！」

大動物獸醫師這一行，是近距離接觸牧場的第一線工作者。常被記者詢問是否知道某區域的哪個酪農最會養牛，或哪間牧場的經營心法最獨特、最難以複製。我們也常用「敏感度」來形容酪農能夠確實掌握牛隻生理狀況的程度。

一位酪農是否「夠敏感」？他們如何體察各種細小線索呢？不妨從看起來最微不

足道的「發情」說起。

觀察，無時無刻

觀察乳牛發情，並在精準的時間進行人工配種，以增加受孕的機會，是牧場生生不息、永續經營很重要的一環。乳牛發情會有十多種跡象，雖然牠們平常是屬於比較溫和的雌性動物，但在這段時間也會出現類似雄性的行為與情緒。

走在牧場，可能會偶爾會發現牠們正在偷聞其他牛的屁股，開始不定期鳴叫，出現駕乘行為（或是被駕乘），或是陰道口會潮紅、溼潤，甚至流出清澈透明的黏液。如果只需要好好照顧二到三頭牛，全天候只盯著牠們，或許有機會察覺到這些細微的徵兆。而當規模來到一百隻、一千隻，事情可就不是這麼簡單了。

按照生理週期，乳牛理論上每二十一天發情一次，每隻牛的時間都不同，也會有發情期間較長或較短的分別。正準備要發情，或是才要結束發情，隨著每一隻牛相異的個性，其行為又會有點不一樣。更別說在牧場，每天的例行工作已經排滿。如果你是一位酪農，該如何在正確的時間精準判斷每隻牛的狀況？

我從入行以來，近距離觀察這些全年無休的酪農，之所以手邊工作結束了，卻還持續在牛舍走來走去，就是因為需要太多牛隻狀況的寶貴資訊。在酪農之間，管這件事叫「巡牛」。剛開始工作時，我有幾週的時間住在牧場裡，跟著酪農一起作息，也學習他們養牛的「眉角」。每天晚上睡前要做的最後一件事情，就是跟著牧場主人一起巡牛。

這個時段，牛隻大多躺臥休息。在此姿勢下，如果牛隻陰道內有些微的發情黏液就會輕輕流出，生產後子宮發炎的牛也會有白色的絮狀物排出。平常，牛隻站立走動時，這些徵狀並不容易察覺。當時才理解——不同的牛隻狀態，不同的時段，能觀察到的資訊也都不一樣。

巡牛的時間可長可短，效益值更是難以評估。牧場的例行工作大多有終點，無論是拌完飼糧、擠完奶、清洗完牛舍，但是巡牛，真的是「沒完沒了」。酪農從來不敢太有把握地說自己這項工作已經做得夠多夠好。

有效且密集的巡牛，最直接影響的是牧場的營運狀況。乳牛的健康度、發情率等都是繁殖管理重要的一環，如果不斷錯過最佳配種時間，牧場的投入勢必有去無回。長期來看，若泌乳牛數量不斷下降，只要短短兩、三年，牧場鐵定轉盈為虧，甚至可能導致經營不下去。

因此，精確掌握牛隻的狀況，變成酪農是否有能力繼續穩健營運這間牧場極為重要的指標。很多把牛養得非常好的酪農，其實就是默默投注了這種隱形的、別人看不到的時間在這些事情上。巡牛，需要無限的耐心，也要有高強度的熱情。

在數十年如一日的牧場工作，透過實務觀察、數據比對，養出一番自己的體會。唯有不斷積極參與牧場生命氣息的酪農，最終得以回收辛勞的付出。

神人的震撼教育

美麗牛牧場的頌簡哥，是我認識多年的好友。

他有一項特殊專才——只要與自己養的牛一對上眼，就知道這隻牛過得好不好、獸醫師需不需要檢查。外人笑說頌簡哥準到像通靈，有時候比獸醫的診療器具還要發達，其實說穿了，就是他已經養出豐富的心得，達到「出神入化」的層次。

那時，我來到美麗牛牧場做例行的獸醫工作。我們按照手中的紙本資料列出的牛隻編號，一頭一頭檢查。走到其中一隻牛面前，紙本的資料上沒顯示牠有什麼異狀，但頌簡哥來回看了看牠的臉，便篤定地示意我上前，希望我用手上的超音波檢測儀看看牠。

他認為這隻牛正準備要發情。

「你這幾天有看到牠駕乘嗎？」

「沒有。」

「有一直去聞別隻的屁股嗎？」

「沒有。」

「那你從哪邊看出來牠正準備要發情？」

我感到疑惑。

「我看牠今天表情怪怪的。」

認真的嗎？

雖然滿頭問號，但我還是乖乖照做，將左手放入那隻牛的直腸，來一次徹底的觸診檢查。結果超音波螢幕中可看到子宮內膜充血，且已有黏液蓄積，是標準發情的生理現象。外觀上完全沒有跡象，頌簡哥是對的。

又有一次，頌簡哥特別要我看一隻牛，說這隻今天早上鈍鈍的，精神有點委靡，與以往不太一樣。

我透過聽診器詳細診斷後，發現他又說中了。這隻牛正處於最早期的消化道功能異常，或是準備要發生第四胃異位了。我們及早發現，就可以立即處理。

有些酪農找獸醫，已是乳牛生病到後期的事了。比如牛隻一直坐著，沒精神又不想吃東西，或蜷縮在牧場某個角落站不起來，好幾天動也不動。而在這些狀況發生之前，敏感度高的酪農可以透過巡牛，立刻在紛雜的資訊中辨認出「有點不一樣」。所以長期下來，牛隻的健康程度也能維持得較好。

對賭

小時候看過一個果糖的廣告，一個小孩問爸爸：「為什麼我們家不買電腦？」爸爸回答他：「爸爸的頭腦比電腦好啊！」

我認識一位酪農，就是這種「頭腦比電腦好」的人。我一向稱他廣進哥，雖然他只有大我幾歲。

如果牧場員工做事沒有上緊發條，遲到、失誤，或是做事不夠細心，廣進哥指正起來也毫不客氣。外人可能以為他只是一位脾氣很壞、以凶惡著稱的牧場主人，但他其實律己甚嚴，遠遠超越許多我認識的酪農同輩。大家都非常敬重廣進哥。

廣進哥對於工作也有一套標準。所謂的早上五點榨乳，就是五點著裝完畢，站在榨乳室，隨時可以開始，而不是五點打卡，再悠悠地準備上工，即便對自己放寒暑假回牧場幫忙的兒子，也絕不例外。如果沒有先搞清楚這些遊戲規則，就是等著他嚴厲的眼光。

廣進哥有一個特點，他敢要求別人做到的事情，一定會要求自己必須先做得到。而他能做到的事情，絕非養牛的泛泛之輩所能想像。

有一則外人津津樂道、流傳鄉野的故事，我原本以為是加油添醋的謠傳，後來發現句句為真。

那時，廣進哥的牧場參與了一個外部單位的牛群改良計畫，工作人員要把這些牛的健康資料，從牧場存留紙本上密密麻麻的手寫字，一一謄寫、輸入電腦，以便進行資料分析。從這隻乳牛產後幾天、上一次配種的日期，到何時分娩，每個環節的資料都不能遺漏。

廣進哥的牧場有將近七百頭牛，他隨手翻閱這個單位印出來給他的報告，剛看完第一頁，便直接不客氣地指出了問題。

「嘿！這隻牛，編號三六五七，你們登錄的資料有錯。」

他闔上了報告，表示往下也不用看了。

這天來到牧場的，是一位外部測乳員。他不相信，覺得廣進哥應該誤會了。

「不可能，我們的工作人員，是把你給的資料原封不動、一字一字抄過去的。」

「哎呀，就說你們抄錯了。那隻牛不是產後八十天啦，牠是六十五天。今年二月七號分娩的。你要不要再去查看一下?」

工作人員搖搖頭。也許他心想,這份報告有六百多頭牛的資料,怎麼可能酪農會全部知道?

廣進哥見他不退讓,便更霸氣地宣示。

「要不要對賭?我已經講了,你們的資料真的寫錯了。五百塊,如何?來,你現在就回去看,看是你們拿著資料照抄還寫錯,還是我的腦袋記錯。」

那一位工作人員沒轍,只好摸摸鼻子,再拿出牧場的原始資料,一一比對。

這一查,才發現工作人員真的抄錯了。廣進哥給的資訊,不只一字不漏,日期也一天不差。

從此,這件事就變成了酪農界的鄉里傳奇。

這個產業有幾位像廣進哥、頌簡哥的大內高手,牧場裡每一隻牛的各種資訊,始終清晰地存檔在他們的腦海最深處。

當我去牧場做獸醫例行工作,約三十秒摸完一頭牛,對面的酪農可能還在吃力地翻查手上的紙本,準備對應著牛的耳牌號碼,在屬於牠的那一頁寫下診斷紀錄。有時牛隻耳牌上沾滿了糞便,還得等牧場夥伴拿著菜瓜布刷乾淨才看得到數字,一來一往間,當我摸完一間牧場,已過了兩個小時半。

而同樣頭數，在這些神人的牧場，全部檢查完只需四十分鐘上下。酪農不用翻閱那幾本厚重的冊子，因為翻找資料都沒有他們直接用腦袋回憶來得快。更神奇的是，他們幾乎看牛的臉就能知道是誰，或會蹲下身子看看牛的乳房，因為每天榨乳，對於乳房再熟悉不過，看形狀就能知道是哪一頭牛了。這種無形的工作技能，是外人也欽羨不已的。

「爸爸的頭腦比電腦好啊。」看來這不僅僅是廣告金句，確實存在這樣的人。只是後來，這些產業故事發生了一起巨變，因為出現了一個促成時代性轉變的關鍵——體感裝置。這是現今牧場常見的一種工具，類似人們帶在手上的智慧型手錶或運動手環，可以記錄每一隻牛的健康相關指數。

乳牛也有智慧型手錶？

剛進口的初代牛隻體感裝置，僅有計步器的功能。可以察覺牛隻在畜舍內的活躍程度，作為發情狀況與疾病監測的初階判讀，但也較容易受到干擾，畢竟只有一種參數，只能在酪農巡牛時提供一點輔助。更因當時售價不菲，許多酪農考量後，還是決定繼續觀望。

後來幾經改良，設計成可以掛在耳朵上或脖子上，不只計步，功能也不斷擴張，變得更全面，包含偵測體溫、呼吸、反芻時間、躺臥時間等。而發情期的牛隻，採食量會明顯下降，步數會上升，體感裝置能夠提供給酪農的觀測機制，已經升級到愈來愈精準。有更多參數可以綜合參照、對比，分析出牛群的疾病與發情行為，已經相當接近牠們實際的生理狀況了。

當酪農發現體感裝置可信度已經突破九成，幾乎像是聘用了一位全天候在牧場巡牛的人，將所有可以觀測到的跡象做出更專業的判斷。短短不到十年的時間，這項工具普及到全臺灣的牧場，變成一套更為成熟的「健康管理系統」，幾乎像牧場的標準配備，除了配種提醒以外，也能夠整合每一隻牛的病歷資料到電腦中。

此時，就算沒有與生俱來的養牛天分，平時也沒有辛勤巡牛，一般素質的酪農，也可以透過這套完整的管理系統，把牛養得虎虎生風。

只要願意花錢，僅僅透過機械輔助，就可以讓自己的牧場具備與頂尖酪農平起平坐的競爭力。何樂而不為？

但這也就像學生時期的期末考成績單，純看最終的數字，就能完全定義一個人的所有表現嗎？

當領先群變成落後者

我再繼續觀察，像廣進哥、頌簡哥這種鄉里認證的養牛高手，他們對於這些新科技會懷有怎樣的態度呢？

儘管鄰居「呷好道相報」，他們仍平心靜氣，繼續照自己堅持的方式飼養，不曾改變，也絲毫沒有動過「不如就引進這些科技進到牧場」的念頭。

不是說他們不相信，正因為知道這套系統太管用，所以提出了這樣的問題。

「阿嘉，如果這間牧場靠這些體感裝置就可以順利運作了，那要我做什麼？」

我無法回話，這近乎一門嚴肅的哲學思考。

每當我們滿心歡愉地討論「更新穎的科技」，總是習慣把「人類能力的限制」當作對手。卻從未想過，科技所挑戰的，很可能是我們自身「存在的意義」。

敏感度超高的酪農過去有此成績，是因為他們高度投入牧場。他們這一輩子的成就感來源，就是喜歡養牛這件事，也真的有能力把這件事做好。如果我是他們，一生辛勤、苦幹實幹，此時情感上該如何面對？現實裡該怎麼抉擇？

更殘酷的是，當科學系統上的數據益發全面，隨著資料回傳與驗證，設備會持續優化、升級演算技術，普通人確實有機會超越神人等級的牧場。

曾經，酪農是主，機器只是輔助、協力。當主被動關係發生逆轉的這天到來，牧場成為低門檻、自動化、只要投資金錢就可以進來主導一切的地方，問個更終極的問題——這個產業，為什麼還需要農民？

想到平時自律甚嚴的廣進哥四處巡牛的堅毅面孔，內心突然百感交集。

「你為什麼想要成為一位最頂尖的農民？」

紅燈，停車。

看著面前仍然來回忙碌的雨刷，我心中還在尋找這道哲學問題的答案。

我想起自己。

獸醫，不只是儀器操作師

「阿嘉，問你喔，如果大家都有超音波檢測儀，我們獸醫還有存在的必要嗎？」

「對，這個問題也時常困擾著我。」

「啊！還有我，我也是。」

回過神來，圍成一圈的牧場實習生們，正輪流舉手對我提問。他們都是大三、大四的獸醫系學生。

原來不只酪農，每一個行業都會面臨這樣的靈魂拷問。

想起我的師傅蕭醫師，帶獸醫菜鳥的我出診時的樣子。

「阿嘉，如果有一天，你的手邊沒有任何儀器，你還有沒有能力為乳牛看診？」

「你是說，就憑我這一隻手嗎？」

蕭醫師點了點頭。

他戴上長長的手套，選定了一隻乳牛，輕輕拍了拍屁股，左手溫柔地伸進直腸挖出了一坨又一坨的牛糞。清理完「通道」，便開始在牛的後方，一邊觸診，一邊即時念出他的診斷。柵欄對面的酪農專注記錄，我也聽得聚精會神。

「牠的卵巢右邊有小黃體……輕微的子宮收縮，收縮的程度大概一分到兩分……兩邊的子宮角都在兩指寬……左卵巢萎縮到剩下〇．四公分。」

講完這些資訊，蕭醫師給了我一個微笑。示意接下來輪到我了。

「來，你試試看。如果現在用左手觸診摸不出來，先用儀器幫忙驗證，我剛剛下的判斷，對還是不對？」

我用身上背著的超音波檢測儀複查，發現完全吻合。

這樣的流程，我們再試了幾次。蕭醫師幾乎只靠左手觸診，完全沒有拿起儀器，就看透了乳牛所有的健康祕密。

那對我來說是一個震撼的時刻。畢竟跟著蕭醫師學習之前，學校的教育從一開始就是直接從影像診斷，依賴設備的判斷似乎已經是如此自然的事情，而忘記了醫療最一開始是要先從與動物產生連結，建立真實的關係。

十多年後，我回想，一位醫療人員所面對的，不外乎生、老、病、死。扣除生、老、死等外顯的樣態，病的最特別之處，就是它與非常多複雜的系統彼此糾纏、交錯關聯，需要專注地透過全人去感知、理解一隻動物過得好不好，而這些遠非透過科學就有辦法完全監控。比如情緒會影響到消化，甚至會影響發情，但科學儀器可沒有一個項目會顯示出「此乳牛目前情緒低落」。

好幾年前看過電影《阿凡達》（*Avatar*），裡面的主角如果要和土地上的動物友好互動，需要將自己的頭髮與動物連結在一起，像是一種意識的共有——信任從那一刻開始建立。這與我們在做的事情很雷同，獸醫的手放進牛的屁股裡，也是一種與乳牛連結的過程，藉此理解乳牛透過生理表徵要傳遞的深層資訊。我們學習超音波，學習觸診，有時練習的不只是儀器操作，也像是練習如何聽懂動物訴說的訊息。

一位獸醫愈專注，會感受到這個單純動作背後乘載的訊息量愈多。

當我們將手伸進去直腸，隔著手套，會摸到下方子宮內，有飽滿的羊水。除了用指尖感受，也記錄左子宮黃體、濾泡的大小，還有外壁的彈性。子宮鬆軟是為了可以保持受孕。這些「觸感」，並不是超音波硬邦邦的探頭可以探測到的。

酪農或許只是要獸醫摸一下子宮與卵巢，但當我將手伸進去，也會順道檢查一下膀胱、腎臟、體溫、糞便性狀，甚至可能意外發現牠的瘤胃脹氣。獸醫與動物在真實的互動過程中，需要不斷思考怎麼和牠建立信任關係，細心觀察牠的脾氣，從牠的角度來關懷牠。

蕭醫師說的基本功，就是在平靜的觀察裡，精確地掌握一隻動物的完整狀態。如果只把自己當成產線上的一個作業員，也許只需要在意物理上的變化就好。但如果想成為一位受乳牛信任的獸醫師，絕對不能只是停在這個階段。

時常想起那天的牧場，蕭醫師用身教告訴了我，所有技能背後基本功的意義。離開牧場的回程，他邊開車邊與我聊了他的內心話。

「阿嘉，我們當獸醫，不只是看到病症。」

「……老師，那還會看到什麼？」

「你還要有能力察覺其他儀器不能告訴你的。科技始終有限制，但一位獸醫的經驗累積起來，無限巨大。」

獸醫，不只是一位儀器操作師。

養牛的酪農，也不只是拿著一份系統報告書的飼養者。

「動物是活的」這一句看似廢話，卻是在酪農的茶桌邊聊天時會互相提醒的一句話。這一行，與動物最深的連結，關鍵不在於科技，而在於能精確掌握動物的狀況，就像一位翻譯者一樣，除了語言本身，還有情緒和感受。

但，如果你手上的功夫是「零」，零乘以無限大，依舊是零。

小農的想像

「喝看看……怎樣？有沒有覺得很濃郁？」

我將鼻子湊近聞了聞，輕嘗一口，再細細盯著瓶身看。

「我看這個奶的顏色，好像比我們平時在臺灣喝的還要黃？」

「有可能哦！我們全場只養娟姍牛（Jersey cattle）。」

一隻娟姍牛在我們腳邊磨蹭。這種黃棕色的乳牛體型比較小隻，大大的眼睛，長長的睫毛，簡直就像小鹿斑比一樣可愛。在臺灣牧場偶爾會看見，但頭數通常不多，也沒有像這樣整個牧場都飼養，畢竟娟姍牛的產乳效率較低，且若與體型較龐大的荷士登牛混合飼養，在牛群中也較容易被欺負。不過牠們生乳的乳脂肪高，風味也很有特色。

隨著疫情趨緩，我去了一趟荷蘭，拜訪那邊的牧場和幾位酪農。他們的共同特色是飼養規模大多介於四十到一百頭牛，比起臺灣牧場平均飼養兩百多頭牛，算是縮小了超過一半的「微型牧場」。

在那裡的酪農，並不一味追求更高的生產效率，或更大的飼養規模。相反的，他們非常努力經營自己牧場的特色，進而感到驕傲。他們也願意為了這些特色，長年四處奔波、忙活，倡議這些自己相信的深遠價值。

不一樣的牧場

與我談話的酪農里歐，家裡世世代代都養牛。正式接手管理牧場後，他說自己寧可把更多的時間花在提升牛隻健康度，與透過有機飼糧一類更自然的飼養方式，讓牠們增加生乳內健康的天然 Omega-3 比例。相對的，要怎麼併購、擴建牧場，或努力達到商業利益最大化，反倒不是他最在意的事情。

「我從來沒有想讓牧場變更大，現在這樣就很好了。每間牧場都有自己最適合的規模，每個人也都有自己覺得最重要的事。大家不一定要一樣。」

我點點頭，很明確的處事觀。

目測來看，里歐小我幾歲，穿著帽T、短褲，因為習慣自己去做所有第一線的工作，覺得這樣穿比較輕便。就算接待客人，也沒有換掉工作服，在牧場爬上爬下，保持全身一股牛味。我很習慣這股牛味，是「同道中人」的感覺。

他帶我四處參觀他的牧場，一邊與我聊天。我發現他也有飼養一些雞和觀賞用的羊，他充滿笑容地說：「我最愛的，就是每一天都和牠們在一起！」

他說長久觀察荷蘭的消費市場，大眾對於食物的需求正在發生變化——希望產品的透明度更高，也更支持在地農畜產品。因此希望透過特定季節放牧，盡可能提供更多的新鮮牧草。餵食沒有基因改造的飼料，也盡可能減少抗生素的使用，以農牧循環的澆灌方式替代化肥，來製作「青貯飼糧」[14]。

「對了，臺灣大部分是養荷士登牛對不對？我認識一位朋友，他和你們一樣，也是養這種黑白色的牛。但是他的奶……非常特別。」

「喔，他也和你一樣是酪農世家嗎？」

「嘿嘿，來打賭一盤起司薯條！你一定猜不到他真正的職業是什麼。只能讓你猜一次。」

突如其來的有獎徵答？好，放馬過來。

「我想想喔……警察？」

里歐露出得意的表情，看來我的薯條是飛走了。

「他其實是……工程師！」

我盯著里歐的雙眼，那個眼神看起來真不像在開玩笑。

「他還是一個連續創業家。之前就有在做農產契作，同時還是一間托兒所的創辦人喔。」

「這跨領域會不會跨得有點太大啦……那，他的牧場在賣什麼？」

「舉例來說好了。如果你的牧場養了三頭牛，分別叫曼蒂、珍妮佛、伊莎貝爾。你有沒有想過，每天你們生產的鮮奶，能夠選擇要喝哪一頭牛的奶，上面還貼著專屬於牠們的標籤？」

「喔，可以幫牠們三姐妹拍一張合照，當成固定的瓶標，應該滿可愛的……」

「……我覺得你沒有聽懂我的話。我的意思是，如果這三隻牛各有自己的粉絲、擁護者，人們真的可以每天喝到這幾隻牛的奶，會是怎樣的世界？」

「別開玩笑了！怎麼可能？」

註14——青貯飼糧多由青綠作物或其副產物，經過密封、發酵後而成，主要用於餵養反芻動物，這種飼糧比新鮮的飼料更耐儲存。

從過去大量混合生產的牛乳，到集中特定產區的牛奶，再走到獨立農民的單一牧場，現在竟然還有單一乳牛？對現代化乳品加工熟悉的人都知道這不可能的程度。

「就在等你這個表情。」

里歐洋洋得意。

「走，我們去找馬提斯。」

量身訂做一瓶鮮奶

車子來到了城鎮外的另一個大平原。遠遠看到一位打理得體面、優雅的人，張開雙臂，向我走來。

「嘿！馬提斯，他是來自臺灣的阿嘉。」

「你好，阿嘉！」

馬提斯穿著黑色上衣、灰色丹寧褲，還披件白色貼身外套，這身打扮的確是我想像中的科技人。他因為太喜歡農村生活，接手這間牧場後，便把創意發揮到極致。不僅使用榨乳機器人，讓每一頭乳牛都能自己決定何時去擠乳，還透過自身軟體工程師的專業，整合乳品滅菌設備與充填設備，設計出全新的軟硬體系統，讓每一隻牛的名字、乳品質真的可以印作一張張貼紙。鮮乳分裝在專屬的瓶子，貼紙貼在每天出貨的瓶身上。資訊隨著牧場的情況不同，有所調整。

太不可思議了！真的做到每一瓶獨一無二。

參觀了牛舍，發現牛正在吃天然的藥草，馬提斯說因為這樣可以讓牛的免疫能力提升，鮮奶的口味也能變得更好。他從不追求衝出更高的生乳量，因為只要讓牛隻保持健康，對於降低牧場經營成本也有幫助。

「整個荷蘭，可以喝到我們牧場的奶的零售通路點，大概有七百多個。不論拿到哪一瓶，都是用巴氏殺菌法做出來的，品質監管上，是一定可以安心的。」

他笑顏逐開，開車帶我去一間有賣他們牧場鮮奶的商家。是間類似農夫市集的小鋪，裡面有許多爸爸媽媽正帶著小孩在這裡選貨。

「我看你們的包裝是六瓶為一箱。難道真的是六瓶都來自於不同的牛嗎？」

「除非有特別指定，否則大多是隨機出貨，很難找到完全一樣的排列組合。想要買到同一隻牛的奶，很看運氣啦！」

再細看他們的瓶標，印著特殊條碼。

「來，我示範一次給你看。掃這個條碼，會進入我們的 App，可以看到這些牛的資料……」馬提斯一邊講解，一邊滑動手機螢幕。

「哇，你們已經做到這種地步了喔？」

「是啊，我們有些客人有蒐集癖，喜歡解鎖。這個和玩電動一樣，玩久了真的會上癮！而且不只是 App，我們還有出繪本，讓小朋友可以更認識我們這間在荷蘭鄉下的牧場。」

他對我描繪，如何透過產地故事和科技來做食農教育。

搭上從荷蘭飛回臺北的班機，我在機上一直滑著馬提斯的 App，想起了我認識的那群臺灣農民。

名字的紅利戰爭

我發現，荷蘭酪農業發展的風格，倡議有機、友善、多元、生物多樣性，例如牛隻在放牧時，他們同時在乎該地區的植被生物是否多元，而不是單一高效率芻料的栽種。這和全世界產乳量最高的以色列比較起來，算是站在天平的另一端。以色列的乳業發展策略是講求育種、效率、精準管理、科技整合，讓產量最大化。雖然都是農業非常先進的國家，卻有兩種截然不同的飼養思維，從牧場環境、飼料配方、在地工作者的做事風格，都能嗅到他們身處兩種不同世界的價值觀。

農業現場離大部分的人很遠，我們對這個產業的人，往往有一種投射的想像。在不同國家提到農民一詞，人們腦中浮現出的輪廓，可能完全不一樣。

現在流行用關鍵字來歸類某種我們所想像的人。對於荷蘭的農民，人們聯想到的可能是高科技、年輕、專業，甚至有些還特別懂打扮、穿著時尚；對於美國的農民，也許用大企業、大老闆、機械化、規模化來形容都不為過；對於日本的農民，貼在他們身上的標籤大多是認真、職人精神、產出好東西、地方認同濃烈。

那麼，臺灣農民的關鍵字是什麼呢？問了幾個人，似乎是悲情的、老化的、弱勢的、可憐的、有一點需要幫忙的。

「我看過他，他是之前拍影片要大家支持小農鮮乳的。」

在一些活動場合聽到有人這樣形容我，總是突然背脊一涼——「小農」這個詞，對我來說曾是這麼親近，此刻回看，卻又感到五味雜陳，格外地陌生。

二〇一五年左右，臺灣發生連環的食安風暴，我們的團隊很幸運，能夠在那提升食安意識的背景下，參與到食農教育的一個環節。當時，透過「小農」這個容易理解的名詞與大眾溝通，讓消費者在面對農產品時，不再只將其視為一種商品，而能有機會認識到其背後的生產者與生產方式。這是很有意義的，甚至，我們推出的第一代產品，就叫作「小農鮮乳」。

沒想到後來，「小農」一詞開始被浮濫使用，成為一種文青的代名詞或溫情的行銷語言，更幾經演變，成了投機者打著悲情牌的保護傘——原來只要透過大大的「小農」二字，無需付出更多努力，就能由黑翻紅，嘗到甜頭？當九十分的生產者、六十分的生產者、三十分的生產者都被化約成同樣的「小農」族群，在銷售渠道「公平」地陳列在貨架上，面對消費者。這真的是我們想要建立的消費市場嗎？

唉，不禁想著，「小農」走到現在，是否仍無法幫助消費者真正認識一個產業？好一段時間，我從腦海裡刪除了「小農」這兩個字。

艱苦人 vs 老鼠屎

榨乳，是一個粗重吃力、卻又單調乏味的工作。大清早五點，酪農就會在榨乳室待命，準備將牛隻引領進來榨乳。無論天氣酷熱或嚴寒，每一天都是如此。三、四點，天還未亮就起床，套上衣服，走出屋外，是酪農區專屬的勞動群像。

牧場一天下來，會有兩次的榨乳時間。一次在清晨，另一次在下午四點。不同牧場的時程稍有不同，不過大致依循著這樣的機制。

真正開始「進入江湖」，則是榨乳室以外的地方。

由於目前乳品主流為「混乳」的生產方式，一輛乳車通常會同時混收不同牧場的生乳，有些躲在產業中投機者，明知交出的生乳在牧場做快篩時，已驗到裡面有抗生素或體細胞過高[15]，可能會打通管道，上演一場「偷天換日」的戲碼——商量將有問題的奶所要檢驗的樣本與其他飼養優良的牧場生乳做一定比例的調和、稀釋。

送到工廠後，理性、乾淨的檢驗器材會蓋上印章：未檢出，OK。

這類戲法，產業還有不少心照不宣的默契。好比也曾有一些應該被歸類為廢棄乳（即非健康牛隻的乳汁）的不合格產物，卻沒有真的被傾倒處理。

或許，每個產業都有一套使自家人能悠遊其中的潛規則吧，儘管那些做法不符合食安規範，投機者還是會繼續衍生出不同的產業鏈，根據不同的區域，不同的勢力，建立各自的生存模式，層層綁定，環環相扣。

無奈的是，只要他們巧妙運用遊戲規則，臺灣現階段依然沒有設立明確的淘汰機

註15——乳品當中有嚴格的抗生素檢驗規範，一般工廠會列出需檢驗的抗生素項目以及檢驗相關標準，若是檢驗到抗生素，需要整桶報廢。而體細胞和牛隻的乳房健康有關，體細胞過高表示牛隻有乳房炎，是影響生乳價格的重要指標。

制，將他們送離產地。

其實不只這群酪農，有些喜愛炒短線的品牌經營者，也深陷在這場狂歡派對中，無法自拔。

弄成這樣更好賣？

「阿嘉，市面上這麼多鮮奶品牌，你相信哪一家？」

朋友們經常問我這樣的問題。而我心裡想的是：「我知道哪個牧場養得好，但你也買不到，因為無論品質是優是劣，都混合在一起生產了。那些看不到生產者的生產模式，是最大的問題。」

有一段時間，臺灣的鮮乳市場是以大廠品牌作為號召。後來，運用特定地區來命名的鮮奶，因為有特殊的意象，在這幾年講求「本土」、「在地」、「草根」的聲浪下，似乎也慢慢成為比較高價、「支持地方」的產品。

然而真正進入產業，才驚覺在龐大收購系統的運作之下，生乳來源和產品名稱上的地區名字早已脫鉤，甚至和產地並不直接相關。消費者在現行規則下，早已無法單純以牧場原有的名稱來認識臺灣這片土地與生產者，且久而久之，這樣的命名慣性也讓真正可溯源的地區鮮奶發展更不容易。

「在超市看到小農專區，在那邊挑選鮮奶，應該就沒問題了……對吧？」

有些朋友見到我猶豫的表情，改口問道。

小農專區原本是商家想要給農民機會的善意，日本的商家也多有這種農民專區，貨架上的布條強力主打「嚴選在地酪農單一乳源」或「優質乳品定時新鮮直送」，每一個字都是賣點，但在臺灣惡性循環的商業競爭裡，這樣的專區可說是逐漸走樣。不少大廠的生乳來源，分明是來自許多不同的酪農戶，在訴說品牌時，卻也有意無意地使用單一酪農來行銷包裝。大者恆大，筆直輾壓，品質優秀的獨立農民和與特定地區的農會產品頓時像失了語般。

名字之戰變成商業遊戲裡的泥巴戰，沒有人真的敢打開這個潘朵拉的盒子。

小農的核心價值應該是什麼？

某天和一位從事管理職的前輩談心，談到若公司管理者真的想尋求一個通則，作為解決這類誠信風暴的鑰匙，那該是什麼？

「我相信，那把鑰匙，就是兩個字——透明。」

一路走來的前輩深有體會，如此對我說。

這段話，至今依然留在我的心裡。

過去「小農」這個詞沒什麼機會出現，因為在食物工業化的過程，農民這個角色幾乎不被看見。在消費的一端，似乎只需要知道食品公司的名字，就已經足夠買到自己要的東西。

「小農」沒有界定規模，並不是說要到多小，才配稱作小農，也沒有明確指出長到多大了，就不再是小農。其實每一個大廠品牌的鮮乳，也多是來自許許多多稱為衛星牧場的契約酪農戶，但為何獨立農民要出來？無非是有把握將品質與飼養做得更好，有讓人更為之驚豔的特色。

我終於想通，「小農」的核心價值，應該是「生產透明化」。

這個親切的詞語，就是為了讓我們想像、投射用的。

更好的明天

回到臺灣，在各地牧場摸牛，我時常想起荷蘭的里歐，他的態度篤定，堅持自己的牧場不必追求產量與規模，按照自己的理念養牛，已讓他的人生富足且有意義。我也想起工程師出身的馬提斯。他說許多消費者想看到牛隻的健康資訊，他就放上去，甚至能告訴消費者這一瓶奶是來自哪一隻乳牛，而不用感到一絲害怕。

他們坦白繳出了自己的一切，也斷了自己「搞鬼」的後路。若說日本的職人精神經常感動成千上萬的臺灣消費者，這些在荷蘭的牧場裡的所見所聞，大大開拓了我對於小農更深遠的想像──每一位小農，都是一個人，都是一種想法與精神的實踐。

在荷蘭的最後一天，我認識了新朋友馬丁，他在阿姆斯特丹成立了名為「不只是牛奶」（More than Milk Amsterdam, MOMA）的社會企業，開著一輛改裝成乳牛的小貨車，收購附近農民的生乳，到最熱鬧的市集去販售，和消費者一對一深度對話，讓都市人更認識食物、產地、環境。他也把農場的工作機會開放給難民，並且讓附近的居民群眾參與討論，投票決定農場未來的發展。

「這麼充滿想像力又大膽的地方工程，你要花多少時間和力氣？」

我不禁問馬丁。

「不知道，也許十年、二十年，但也沒關係，我還很年輕呀！這些就在我的血液裡，是我喜愛的事情。我沒辦法停止做這些有趣的事！」

有些信念，是金錢換不來的。

或許，實際建立一種揭露機制，創造出健康的結構，鼓勵農友與市場更良好地互動，才是永續經營的長久做法。

咖啡產業走過三次革命[16]，為何「莊園咖啡的等級遠遠超越一般商業豆」？再再表明，更多揭露產地和莊園的資訊，就更能深入人心。

對照咖啡的革命，如果想要一瓶莊園鮮奶，我們期待它需要有生產履歷[17]，需要揭露它的動物福利標準，需要讓消費者能從生乳的乳成分、體細胞、生菌數等所有的品質上看到生產者基本該有的態度。

如果這個透明的揭露規則，真的可以被有效地建立，十年後，當我們再思考關於臺灣農民的關鍵字，會有哪些呢？

那正是我們應該努力的目標。

打造理想鮮奶的過程，我和創業團隊堅持在包裝上放上酪農的全家福照片，放上牧場的名字與產區，並且為每個合作的牧場寫上一冊專屬於他們牧場的故事。

我也始終對臺灣保有期待，相信我們有辦法建立更成熟的消費意識、更成熟的法規、更成熟自律的商業道德、更成熟的產業發展空間。

望向那些在榨乳室早起的背影，真心希望那些流著汗、認真在土地上留下足跡的人，可以被看見。當我坐在他們的餐桌旁，看他們驕傲的樣子，願意為自己的鮮乳品質負責，即使做得更多也甘之如飴。我想，這對他們來說，也是更大的成就感吧。

當我們從貨架上購買鮮乳時，能透過包裝上農民的樣子，了解這瓶鮮乳出自於哪位生產者之手、來自於哪個產地，並且能夠細細品嘗他們用心的成果。我想無論是餐桌到產地，或是產地到餐桌，都能連結成最美的畫面。

因為這群人，才是消費者起心動念，選擇「支持小農」的唯一理由。

這樣的支持，不該是因為「小」，而是因為「好」。

註16——咖啡的第一波革命，是快速的三合一即溶咖啡，方便人們於最短時間內飲用。第二波革命是商業豆之興起，連鎖體系（以於全球各大城市拓展的星巴克為例）提供大眾化、規格化、規模化的咖啡。第三波革命則來到了精品豆，對於生豆有明確的汰選機制、專業的風味品評分級，以及最重要的，廠商需要完整揭露的產地旅程的資訊，完全透明公開。

註17——政府對於農產品已推出「生產履歷」標章，要求揭露產地、牧場登記證、生產者姓名、生乳品質、生乳來源、牛隻資訊登錄，是讓產地透明化、檯面化的第一步。

牧場接班人

「阿嘉，你幫我勸一勸啦。」

「對啦，我們真的也沒什麼辦法了。」

大哥大嫂你一言我一語，看著我為難的表情。我盯著一再被添滿的茶杯，不停想著——如果我是他們的孩子，我會希望父母怎麼做呢？

導火線

有時候，酪農大哥大嫂會私下約我，希望我有機會多勸勸他們「天馬行空」的小孩；相對的，牧二代也經常找我做一樣的事——希望我有機會就多開導他們「冥頑不靈」的爸媽。

每當這類重責大任，在深夜從手機的另一頭交付過來，一個家族裡的新疑舊怨，彷彿在我的面前歷歷重現。

也許是年紀相近，孩子認為我較接近他們的世代，可以聽得懂他們的語言，同理他們的處境；酪農大哥大嫂或許是因為看我創業到今天，還有一點稍微端得上檯面的成績，會把我看成「自己人」，期許我能夠站在產業的高度，影響他們眼皮下這群不受控的孩子。

如果問我，酪農家庭最常因為什麼事情起爭執，甚至使孩子最終離家出走？我會回答這兩個字——接班。

牧二代心事誰人知？

二代之所以為二代，正因為沒有經歷到開疆闢土、從零到一的過程，卻要承接已經有所發展的事業，並背負這份事業的未來。他們面臨到的是管理模式的延續、企業文化的銜接，還有熱情、經營目標的改變。

以我的觀察，一間牧場正式的接班，普遍分成三個階段：

第一，放工作。

第二，放工作，放決策。

第三，放工作，放決策，放財務。

很多養牛的二代，在第一階段，通常都只被算作一份勞動力，對於牧場的事務既沒有話語權，也沒能了解整體的財務狀況。

唯有真正走到第二與第三階段，酪農二代或三代才真的可以算是完全進入主導牧場的經營走向。並且在此之前，通常會經歷許多年跨世代的合作。好比有牧場的二代已六十多歲，卻還沒有接班。牧場例行的牛隻營養保健品採買、環境修繕、一些瑣碎小事的決策權，仍由年屆九旬的父母一手主導。孩子在他們眼中，依然是不能獨當一面的孩子。

「阿嘉，你能想像這種感覺嗎？」

「爸媽從來沒有把我們當成大人。就算我們都已經大學畢業了。」

二十多歲的姐弟倆與我約在便利商店的用餐區，向我吐苦水。

有些內心話，他們說只有走出家門，避開二老，才有辦法對我說出口。

「唉……」

家庭醫師真不是叫假的。從乳牛到人類，大家都希望我們有能力提出解方。

據我的觀察，在牧場裡，父母會安排接班的孩子從小牛開始照顧起。因為小牛是整個牧場茁壯的基礎，看似不需要大量技術與體力，但很需要耐性。只要願意學習這項任務，會獲得很多知識與經驗。因此，平常多半也由牧場裡的女性，如酪農大嫂，或是孩子的媳婦執掌。

在封閉的酪農產業，性別觀念是同樣傳統的。若再加上在地社群的七嘴八舌，親戚鄰里時不時地關切、指點，要處之泰然，恐怕也不是那麼容易。

然而，接班畢竟是「家務事」。牽扯到家人的事，局外人真的只能窺知一二，很難以三言兩語講清楚。說到底，兒子就是兒子，爸爸就是爸爸。酪農家庭在某些議題上，確實無法像一般公司那樣討論營運，做到就事論事。

「我不確定能不能與我的爸媽成為同事，或是做到像我在外面公司上班那種理想的上司下屬關係。」

這是一些在外頭討過生活的牧二代，對我吐露過的心聲。

「阿嘉，你呢？你有辦法和自己的爸媽一起工作嗎？」

真是個好問題，還好我此生不用面對這樣的抉擇。

因為你年輕

小鄭是我很好的朋友，原本在高科技產業上班，後來看著經營牧場的父母走向遲暮，思索許久便決定返鄉，成為了牧二代。

毅力驚人的他，全勤參與了不少畜牧研習課程，以教科書等級的認真程度照顧小牛，也逐漸發現自己家裡牧場過去的種種問題，有可能是因為父母在最基礎的營養調控尚有更多優化的空間。

小鄭了解更多細節後，便希望換掉一款過去常用的奶粉，而新的奶粉單價相對過往高出許多。

他的爸爸是一位經驗豐富的酪農，鄰里習慣稱呼他為老鄭。

「你剛回來，不知道牧場的經營壓力。這種東西，我們是不能隨意亂換的。」

「欸，這不是隨意，是我上課學到的。我們的牛隻長年抵抗力比較差，你沒有想過，有可能就是因為奶粉嗎？」

最初，父母講不過兒子，便順著兒子，更改了奶粉的配方。原本以為會順利改善牛隻的抵抗力，沒想到小牛接二連三地患病，甚至死亡，大家都束手無策。

「我之前就講過了。那些專家說的不是真理，你不能全信。」

老鄭嘆口氣。

又有一次，小鄭照著學習資料的指標，回頭檢視自家牧場。他覺得牧場乳牛的營養不均衡，有可能是拌料的完全混合飼糧[18]機器切割牧草的長度不均勻，進而影響牛隻的反芻，所以左思右想，覺得應該投資幾百萬換掉牧場原本老舊的機器。

「又來了。你還是相信那些教授、專家講的，是吧？」

小鄭還是堅持理想，兩人再次為了這件事爭執不下。後來又是老鄭讓步，花了上百萬淘汰老機器，並且換了新的飼料商。

結果，乳牛大量下痢，乳量直線墜落。老鄭趕忙找回原本合作的飼料夥伴。只是這次，這位父親並沒有想像中暴怒，而是望著兒子，平靜地吐出一字一句。

「你還要相信那些理論多久？直到賠掉整間牧場嗎？」

小鄭告訴我，他陷入了人生最黑暗的時刻。不知為誰而戰，不知為何而戰。他原本篤信的理念，現在已然灰飛煙滅。

註18——完全混合飼糧（Total Mix Ration，簡稱TMR）是牛隻每日營養所需的拌料，如甜燕麥、百慕達草、苜蓿與穀物類飼料等的混合體。每個牧場都有專屬於自己的TMR，對應不同的飼養規模與牛隻需求。若將A牧場的配方直接拿去給B牧場，而沒有了解B牧場的飼養狀況，這是高風險的事。

很奇怪吧？牧場每一個環節，乍看都是問題，拼湊在一起，卻可以順暢運作。就像我們二〇一五年創業的公司，光是站在外面看我們怎麼做事，無論是接單的流程、會議的形式、公司使用的系統等，應該也會覺得有些疑惑，但內部的人似乎都認為那些並非大問題，事實也證明，我們建造出來的做事方式，好像真的可以運轉。

我可以理解老鄭說的：「你用教科書的角度，告訴我每一個環節都是問題，你要我怎麼辦？而且根據結果，也證明了我的做法比起你在外面學的那些大道理，就是比較可行！你到底還要質疑我到什麼時候？為什麼要一直拿我與別人比？」

但我也同時理解在孩子這一方，小鄭如此認真地想要打破過去非正規的現況，學習更多正規模式、驗證他人的成功經驗，是多麼重要的進步過程。

「為什麼要一直拿我與別人比」這句話從一名父親的口中說出，有著莫名的震撼力。當兒子愈講愈多，作爸爸的就愈來愈擔心。選擇不再讓兒子「碰決策」，只因怕有一天自己苦心經營的牧場，被改成四不像。

「阿嘉，我開始懷疑，自己是否不該出現在牧場。」

小鄭面無表情，盯著隔壁剛採收完的休耕田。

過了一陣子，小鄭打算放棄這種衝突，不過並沒有告訴我，他下了一個更堅定的決心——考慮向爸爸提議，未來先貸款，直接向爸爸買下整座牧場，從此全權經營。

老鄭當然是搖手拒絕了，希望兒子先練習聽話就好。

我嘆了口氣，拍拍小鄭的肩，不知道該說些什麼。我們這一代是七年級生，比起過往的勞動者，更看重工作價值，但這也造成了代溝，畢竟許多長輩當年為求生存，根本沒有「工作價值」這項選擇。一切又回到「父母期待孩子聽話，孩子希望父母放手」的傳統框架裡。其實兩者都沒有對錯，重點在於誰該為這個決定負責——真正的交棒，是讓他為自己的決定負責。

而有時候，我也自問——現在看似完美的想法，二十年後，還會不會是完美的想法呢？

必經之路

「恭喜啦！」

我們這桌爆出如雷的掌聲。

臺北的夜晚，在餐廳和高中同學聚餐、敘舊。其中一位同學談到自己因無法認同管理風格、派系鬥爭，終於離開待了五年的公司。老同學們聽了都集體舉杯，為他大肆慶賀。

「五年耶，絕對是受夠了。」

「辛苦了，從今以後，準備迎接新的大好人生吧！」

離開牧場，突然進到都市上班族的場景，讓人想起過去這些年自己創業，對於管理、領導的一些感觸。

一般人較難接觸到家族式的企業，自然也難以想像公司與家庭密不可分的生活狀態是什麼樣子。這其實是一種很少被認識的組織型態，當既是員工、亦為孩子的下屬感覺自己動輒得咎，怎麼做都不對，他們應該怎麼辦？

不喜歡一間公司，一般人可以輕易轉身，選擇離開。但是家庭呢？問題也許不是五年、十年的忍耐，而是「他們還能去到哪裡」？

公司是社會理性建構下的專業組織。有些管理書籍主張要鉅細靡遺地指導公司新人，把新人刻成組織希望的樣子，完全貼合崗位的需求，也有些理論完全相反，推崇公司新人一步步認識自己，在某個領域中開枝散葉，進而幫助到組織。直到現在，我還是很難保證自己已經完全掌握到「最佳管理平衡點」，因為過程仍有不少細節有待拿捏。且如果將這些情境投射在家庭，變成親子關係的延伸，那是更為複雜的。

父母對兒女恨鐵不成鋼，或是下一代厭倦了上一代的嘮叨，和這樣的家人每天上班當同事，是什麼感覺？

有些牧場家庭的爸媽關心女兒、兒子的生活狀態，看到兒子即將成家立業，很自然地會考量到未來媳婦能否住進家裡、是否一起幫忙養牛，畢竟希望牧場多一個可用人手。但如果對方沒有意願，又該怎麼各自度日、相安無事？

當家庭就是一間企業，主從的權力關係不容置喙，孩子聽從上一輩的話，是心照不宣的默契。下班回到家，和公司沒有兩樣，無處可躲，又是怎麼樣的生活？

身為他們的家庭醫生，我也清楚——有些結，只有當事人自己解得開。而我能做的，就是持續地體諒與陪伴。剛開始覺得自己這樣很無用，但我也發現，這也許是最該有的心態。

其實，每次在這些爸媽偷偷找我，或兒女悄悄打給我的背後，我看到的不一定是對錯。而是親情之間最赤裸的掙扎。但我依然相信，當牧二代站在上一代的肩上，會看到不一樣的風景。

家家有本難念的經。你家，我家，農家，各自有故事，各自有相愛的方式。

那些輾轉反側的憂心，嘗試寬慰自己的猶豫；那些忿忿不平的解釋，急欲證明自己的焦急，我發現，其實他們一直是彼此相愛著的，儘管愛這個字從未真的說出口。

遠方的家庭

「先生您好，幾位？」

「有訂位。吳先生，四位。」

提早來到這家海鮮餐廳。我一個人坐著，盯著大門。十二點整，老吳準時帶著妻子，跟著那一位外國年輕人走進來。這位外國人叫作Kevin，鄰居習慣用中文直呼他阿凱。他從十九歲就來到臺灣，現在不滿三十，卻已擔任老吳牧場的場長七年了。

入座後，我發現老吳迅速用眼神示意阿凱直接向櫃檯點餐，阿凱便神祕兮兮地提著手上的小包，走向爽朗招呼的餐廳老闆，流利地討論起今天有什麼現撈的好料、哪道菜要加辣、哪些不要切，順便問一問菜單上沒寫的祕密餐點，說今天老吳招呼客人

難得光臨，看廚房是否能出菜。

看來，老吳的動作遠比我快，只能下次再找機會回請他們了。

生活上，阿凱也是燒得一手好菜，總是為全家人煮好三餐，幾次結束獸醫工作之際，被他們留住一起用餐。滿桌香噴噴的道地臺灣味，他的手藝真是厲害。

阿凱與老吳無話不談，兩人經常共騎著一臺摩托車，在農村四處穿梭，形同一對父子。

我常常在夜裡回憶那張飯桌，老吳、太太與這位年輕人愉快地吃著飯，差點忘了夫妻倆還有一位住在城市的親生兒子——小吳。

小吳在城市生活，擔任一間成衣廠的廠長，平時很少回家。由於很早就表明無意接手牧場，自然也不打算碰任何的牧場庶務，對牧場的人員管理更是不熟悉。

在老吳與太太得了癌症時，陪在兩老身邊的，仍只有每天與他們生活在一起的阿凱。阿凱不僅扛起這間牧場，也沉默地照顧兩位長輩——他最熟悉每一次醫院檢查數據，最有耐心地收好每一張X光片，最堅持按照醫囑服務，直到兩老相繼辭世。

後來，我再遇到小吳，恍如隔世。

那時老吳夫婦已下葬，阿凱剛離開臺灣不久，臨走前為牧場尋覓了一位負責的接班人，同樣也是來自外國的年輕人，綽號叫阿西。阿凱擔任管理者時，觀察了阿西幾年，覺得阿西做事認真、心思細膩、對於牧場的大小事瞭若指掌。兩人講好嘗試合作後，阿凱協助阿西滿一年，真的心安了，才讓阿西正式接棒，自己準備回國事宜。

此時，老吳親生的兒子小吳終於踏進牧場了。

他認為爸媽一再把執行長的位置交給外人做，非常荒謬，自家的牧場當然該由自己家族的人接手。因此沒讓阿西接任管理職，反倒把他分配下去當牧場裡的勞動者，自己準備當執行長——即使小吳從不知道該怎麼運作一間牧場。

牧場裡最基本的事情，比如拌料、配種，小吳都不會。

「成衣廠都能運作，牧場會難到哪裡去？」

看著小吳篤定的眼神，我可以感受到他內心是很有自信地這麼想的。

阿西是阿凱的同鄉。小吳接手牧場後，照三餐用「笨蛋！連這都不懂」的老闆語氣，真把阿西當下人般使喚來去。明明是因為自己不懂養牛，還是不假思索，把阿西叫過來狠罵一頓。有幾次阿西覺得自己無辜受害，想要回應，小吳更是直接對阿西大吼：「不爽做可以不要做！看你這種逃跑外勞可以在哪邊工作，反正你開心就好。」

是的，阿凱、阿西都是來自印尼的外籍移工。

撐了不到一年，聽說阿西最終也離開那間牧場了，繼續他的逃亡之旅。

不清楚他之後的去向，只暗暗希望這麼優秀的年輕人，可以像阿凱一樣，感受過善意。願和他一樣的族群，有天都能在這片土地上，找到歸屬感。

不存在的工人

老吳曾經告訴我，阿凱住在鄉村這麼多年，一人多工，承接了許多臺灣年輕人不願意接下的任務，甚至出任牧場的場長，所以特別幫他加薪。給他的豐厚年終獎金，一年比一年多。

「阿凱有恩於我們，可不能給少了。他在最好的青春年華，選擇獨自來到臺灣打拚，我們千萬不能虧待人家。」這是老吳的觀念。

老吳的兒子則說：「哪有人給外勞薪水超過四萬？更何況是逃跑外勞，還拿這麼多？不爽就去告，看有沒有人站在你這邊！」

同樣身為創業者，同樣身為臺灣人，聽到這種用看似最牢不可破的「外勞價格」去衡量一個人的貢獻，我依然百感交集。

「臺灣人常說自己對外國人很友善，你覺得呢？」

有一次，遇到一位來自菲律賓的朋友，問了我這麼直接了當的問題。

「說實話，我覺得臺灣人並不是對所有的外國人都會展現友善。」

我不敢明講，在那張友善名單裡，是否包括東南亞、非洲、中南美洲的居民。

我們總以為自己可以輕易接受一些外國人來臺灣，擔任企業的白領階級；經過學校，也可以想像不同國籍的學生同樣聚在這裡念書。但當我們習慣以「阿勞」或「勞仔」這類稍帶調侃的詞彙，描述那些在臺灣人不想從事的產業當中的移工時，可能並不知道——如今，這群人的背影，早已是臺灣鄉村不可或缺的景色之一。

農村的真相

一位酪農大嫂告訴我，牧場曾想解雇一位愛來不來、甚至會預支薪水去賭博的臺灣工人，卻遲遲無法做出這個決定。為什麼呢？原因很簡單——在人口稀少的鄉村，把他開除了，從哪邊補新人？

全年無休的牧場裡，看似只是少一個人力，差異卻是非常巨大的。

由於長期且大量的人口外移，當農村需要人力的時候，主要依循的途徑有兩大方向，一是外籍移工，二是外籍配偶。

到鄉村工作十多年，開車時偶爾往旁邊一瞥，呼嘯而過的卡車，上面多半載著滿滿的外籍移工。這已是我生活裡的日常。

而有一些在鄉間工作、已過適婚年齡卻仍然沒有交往對象的異性戀男性，礙於狹小的生活圈，很少有機會認識女生，因此選擇了外籍配偶，陪伴他們待在鄉間，組織家庭。

如果知道飯桌上的蔬果，有一大部分是這群外籍移工所採收的。再看到他們，會是什麼心情呢？

二〇一九年，政府終於研擬開放讓農業勞力可以進到臺灣的產業，以屠宰業與酪農業為首。因規定繁瑣、限制多、配套不足，仍無法完全解決人力不足的問題。實行至今，在農業最前線的外籍移工，依舊是臺灣農友不太願意多談的話題。

幾年前，我拜訪酪農業的強權——以色列。由於這個產業的工作型態、環境特殊，不易招聘勞力，他們很早就評估過只靠本國勞工無法達標，因此開放農業移工，行之有年。走進他們的牧場，不難看到經常是一位肩負管理職的以色列籍場長，搭配一大群身手俐落的泰國籍勞動者。

以色列很早就面對了勞動資源不足的現實，因此，他們的養成體系所培養出來的外籍移工，是高度專業化的。從基本的語言能力、榨乳流程，到牧場管理，需要經過為期半年至一年的密集培訓。提供的職業保護與對等薪資條件，對移工來說，優渥且有保障。

我想，長期且確認有效的規畫，背後最需要的，是清楚的政策作為發展基礎。就算這些規畫不是一步到位，我相信也是修正多次之後的堅實效益。

日本在二〇一六年也開始通過相關辦法，希望可以在二〇一八年引入足夠多的農業勞力，填補少子化後的廣大人力需求。[19]

同樣的，臺灣喊「農業缺工」，已經喊幾十年了，為什麼要外籍移工投入臺灣農業生產，會這麼困難？因為每當這個議題一進入討論，就會有「一種聲音」出現。

「本地勞力也要被優先照顧到，不能把市場完全開放給外籍移工啦。」

那些永遠不可能挽起袖子成為農業勞動力的人，卻是坐在辦公室裡高談闊論否決這些需求的存在。

是的，這些看似美好、充滿正義、展現捍衛本地勞動者權益的說辭，仍無法正面回應事實。如果真的有這麼多本地的年輕勞力，且有高度意願投入臺灣的農業生產，為什麼「農業缺工」這件事情從來沒止息過？

這已不是保障或不保障的問題，而是政府與產業到底帶著什麼心態，來看待農業人力長期缺乏的難題。多年下來，這道議題就像房間裡的一頭大象，人人都看見了，但沒有人敢談論。不談論，不碰觸，不決議，自然也不用再設想未來的可能解方。

真正的利害關係人——農家，又是怎麼想？雖然明白現行法規，知道一用外勞就是違法，但人人都需要解決眼前迫切的問題，最後的消極手段，就是集體偷偷用。在我看來，這件事情十足荒謬。

地方創生未來

曾在好幾個談論地方創生的演講，談到臺灣農村的未來。如果什麼都不改變，最終只會剩下兩種人——七十歲以上的歐吉桑、歐巴桑，以及三十歲以下的外籍移工。

並且，當許多農地面臨採收，而本地的勞動長輩動員不足時，最能夠輕易補上這個缺口的人，其實是被整個社會貼滿負面標籤的「逃跑外勞」、「逃逸移工」。在電視上，這群人遭受各種批評，被打入谷底，叫人避之唯恐不及，然而在現實生活裡，他們的肩上卻承擔著臺灣人最不想投入的事情。

更別說曾聽過許多故事，知道這群移工面對的是什麼樣的光景——有限的語言能力、仲介的惡意抽成、某些雇主的欺騙剝削，加上臺灣社會對於外國人「有條件」的

註19——*Foreign skilled workers likely to be allowed to work for Japanese farmers in national strategic special zones in fiscal 2017*, The Japan Agricultural News, Dec. 13, 2016

親切。整個體制的不友善與剝削所導致的生存空間壓縮，為了生活，他們被迫鋌而走險，離開都市，躲進農村，在牧場、菜園、果園，無聲地生存下去。

看著他們，有時候會感到心情複雜。了解他們的處境，更覺得揪心。

臺灣的鄉村遲遲無法創造更多吸引人的條件，讓本地的勞動者想要在這裡安身立命。現階段再不給轉圜的配套措施，繼續用最高罰則來抓外籍移工，那些不想違規、卻不得不投入這個產業的農友，也許已經真的沒有路可以走了。

目睹了這種現狀、還可以站著說話不腰疼的人們，我想，應該是這個產業以外的人吧。

「家」該是什麼樣子？

再次開車經過那家海鮮餐廳，想起待我如家人的老吳夫婦，儘管已人事已非。

有人說：「家，就是隨時能回去的地方；家人，就是一直會愛你的人。」

也許有些人並不認同這樣的價值觀，但它確實讓我們開始思考——怎樣的家，才是我們畢生的追尋。

在阿凱心中，臺灣鄉村的老吳夫婦，是來自印尼的他在遠方的家庭。他把牧場管理得十分妥當，悉心照料身旁的人，在這片土地上，認真、踏實地生活著。

而在老吳心底，或許也明白——為他抽痰、仔細收好每一份檢查報告的阿凱還有個遠方的家庭，那才是他未來有一天會回去的地方。

兩場生命彼此交會，或許過了某個交叉點，就再也沒有以後了。

怎樣的人，才符合我們心中定義的家人？

只有血緣關係的，才能算得上是家人嗎？

我有個酪農好友西木，因為牧場內外籍勞工來來去去，什麼國家的都有遇過，他總是盡量學習不同的語言，泰文、印尼話、越南語，和外籍勞工互動便盡量多用這些語言。為他們準備的員工房間中，總有一個大同電鍋、一箱泡麵、一張彈簧床，做到「吃得飽，睡得暖」的基本需求。榨乳的時候，放上一臺大大的車用音響在旁邊，不是給牛聽古典樂，而是播外籍勞工家鄉的歌曲，讓這些牧場工作者能夠聽自己熟悉喜愛的音樂。

別人笑這位酪農傻，因這些外籍移工不會為此感謝雇主，會走的還是會走。也許是吧，但西木想在這些生活的日常中，多給他們一些家鄉的溫暖。

當我們迷失的時候，總會想起，來自遠方某處的聲聲召喚。

那一刻，在腦海響起的，我們最想念的，會是誰的聲音？

獸醫的想望

一切都要從那場大規模的乳房炎說起。

二十四歲那一年，考取正式的獸醫師執照，二十六歲開始對外執業。開著車，前往不同的牧場巡診，去到了一家乳牛經常得乳房炎的牧場。

「不覺得很奇怪嗎？我們前幾週才醫好了，現在為什麼又變成這樣啊？」

我問酪農大嫂，他們也無奈抓頭。

我和上次一樣耐心醫療，過幾週後再來，情況依然。雖然每次受疾病困擾的乳牛經過處理後，病情都會改善，但下次來訪，得過病的乳牛又會復發，上次沒狀況的，這次竟然也開始需要醫療。如此前仆後繼，不得安寧。

「欸，一直這樣，你不會想查清楚是怎麼回事嗎？」

「不知道耶。阿嘉，你覺得問題在哪裡？」

總覺得有些事情一直在發生，藏在這個牧場背後。來來去去的獸醫師，就只是除掉表面的草，沒有人想去翻土、斷根。酪農似乎隱隱約約知道原因，但感覺也避而不談。以前的獸醫因為每次診療完都會直接拿到薪水走人，似乎沒有人認為需要問得更深，或是做得更多。

這樣的疑惑讓我長期感到不安。

理性的選擇

有一天，我向酪農大哥大嫂自告奮勇，想從頭到尾檢查一次整個牧場的動線、設備、榨乳流程。透過一層層的抽絲剝繭，終於發現問題在榨乳室。

現代化的榨乳方式，酪農會先把乳頭清洗乾淨並且擦乾，並把乳頭前段的奶擠出來，確定沒有雜質、血水等異狀後[20]，就會套上乳杯，讓榨乳機的幫浦透過固定脈動的吸力，自動把乳房內白花花的生乳擠出來。而不穩定的壓力就會造成牛隻不適，也

註20——異常奶的性狀會呈些許凝固的狀態，看起來猶如豆花，因而俗稱「豆花奶」。

許短時間看不到牛隻的反應，但長時間下來，乳房會告訴你。
因為牧場的榨乳設備老舊，已經超過使用年限十年，老化的管線龜裂，乳杯的壓力時高時低，導致乳房炎在這間牧場成為好發疾病。
「欸，奇怪，榨乳設備老舊，如果年久失修，那就乾脆整組汰換啊。」
一個產業外的人，可能會這樣點評。事情如果能這麼簡單就好了，這可是動輒五到八百萬的開銷，甚至可能會花到上千萬，端看酪農戶的飼養規模。
我鼓起勇氣，向酪農提起這樣的問題，酪農無奈地兩手一攤，告訴我，其實他們夫妻倆一直懷疑過。
「歹勢啦，我當時並不想騙你，我們可能知道原因。但乳品廠付給我們的生乳收購價長期就是這麼低，怎麼將這些老舊設備更新？」
因為和大哥大嫂夠熟絡，我懇請他們將生乳的收購合約拿給我看。拿出手機的計算機試算他們在牧場的開支後，徹底明白他們遲遲無法更換榨乳設備的理由。
「阿嘉，你站在我的立場想想看，與其花上千萬徹底終結乳房炎問題，我每次準時付給你診治乳房炎的錢，是不是比較划算？」
大嫂其實說得沒錯，這是真正務實的計算。撇開我心中對於動物福利的顧慮——不投資更新榨乳設備，確實是現階段酪農眼中最「理性」的選項。

驅車離開那間牧場時，心情真的很糟。坐在駕駛座上，很想做點什麼，卻又感到滿滿的無力。

連續幾週，我開始去做更多功課，與不同的酪農聊天，找出生乳收購價背後的問題。原來是背後訂定合約的機制，導致酪農長期缺乏可平等溝通的議價空間。這也是造成廠農關係長期緊張的背後主因，如果當時的計價基礎並不能支持農民用他們期待的飼養方式，那酪農就只能配合此般計價模式來調整飼養的條件。

許多人覺得不妥，但沒有人敢吭聲。

想起蕭醫師曾經問過我：「阿嘉，你為什麼想向我學這些技術？」

「老師，因為我想救動物，我希望牠們是健健康康的。」

沒忘記自己當時的回答，那是我最初的承諾。

見樹不見林

一般臺灣獸醫系畢業的學生，大學時期會有怎樣的經歷？

從大一的解剖學開始，到大二的病毒學、細菌學，再到大三的藥理學、病理學，以及大四的小動物內科、小動物外科，進入大五實習後，會到小動物醫院面對臨床，把所學習到對於一隻動物的醫療內容拼湊在一起。這樣的學習歷程，主要的課程項目是以個別動物作為主體單位，類似人的醫療學習系統，對於狗貓等伴侶動物的診療是好的學習方式，能夠系統性地剖析一個生命體的病理。

但在過去，獸醫與畜牧（現稱為動物科學系）[21]是一起學習的，是合併的一個科系，稱為畜產保健。那是農業時代，畜產保健科屬於農學院，簡單來說，畜牧是先學習怎麼飼養動物，知道什麼是健康，再來看什麼是生病。

飼養畜牧動物，不只是個別動物的診療，更重要的是群體的生活空間、環境、營養等生活方面的照顧。有些疾病是因為飼養方式不對，是因為群體生活的壓力，並不是靠藥物或靠開刀就可以解決的。如果不知道怎麼養好動物，怎麼知道動物真實的需求是什麼？

現在的動物醫學因應時代風潮，轉向伴侶動物醫療為主，確實產生更精緻化的醫療需求，像是眼科、骨科、洗腎、癌症治療等。不過伴侶動物數量提升，原本的畜牧動物並沒有減少，只是大家關注的重心轉移了。我們需要重新面對——同樣都是動物醫學，同樣都是生命，無論可愛與否，既然都是因人類的需求而生，都該有足夠的醫療照顧。

獸醫系培育出來的獸醫，其實是訓練其成為「見樹」（個別動物）的醫師。以我自己的觀察，與我同輩的獸醫之所以容易見樹不見林，因為我們從一開始被訓練要想方設法解決的，是醫療的問題，而不是結構的問題。

揭竿起義

「為什麼酪農要這樣被對待？我們能不能建立一套新的遊戲規則，讓他們是有機會參與的？」

心情悶，與其他北部獸醫朋友相約喝酒，我問了這個問題。

「喔？龔建嘉，你是要創業嗎？」

「嘿嘿！有搞頭喔！我押你只是說說的，不會真幹。」

「欸，你只是一位獸醫，這些事情和你有什麼關係？」

「對呀，酪農的診療錢也沒有少給你，為什麼要自己去蹚這種渾水？」

「水很深，你這艘船真的要往那邊開嗎？」

「告訴你啦，就是繼續保持現狀，你才會有源源不絕的案子。」

註21——現在的動物科學系教的是如何飼養動物，獸醫系教的是如何治療動物。

「對啦對啦！識時務者為俊傑。阿嘉喔，要當俊傑啦！」

聽完他們的回答，我更悶。

以前沒有特別意識到自己與其他同學的不同，是進入職場以後，我才有這樣的發現。或更精確地說，其實，我就是這個龐大團體當中的「異類」。

他們似乎沒有說錯。身為獸醫，不去干涉屬於結構的問題，我依然可以保有自己還不錯的生活，只是這種日子、這種職業期待，真的是我想要的嗎？

對一位獸醫而言，「成就感來源」也是很關鍵的內在動機。

如能用醫療、手術解決問題，對牧場結構的改變是最小的，純技術面的成就感最大，而且最顯而易見。

然而，一位看重永續經營的獸醫師，內心的成就感，究竟應該來自哪裡？更常自問，我最在意的，是半年、一年的時間尺度，還是眼皮下的這幾個小時？

如果放兩分心力做預防，八分心力做純醫療，務實面而言，確實能接到比較多的案子。但如果看見的是「林」，我真正該關注是預防醫學、動物健康管理。因為只要這些做得妥當，牧場動物應該不必一直用到醫療手段。

多麼希望在問題發生前，直接讓問題從清單中消失，讓乳牛減少不必要的痛苦，過著真正健康、平衡的牧場生活。

深信黎明終將到來

後來的故事，許多人都知道了。

二〇一五年，我選擇與一群夥伴創業。他們每一個人都不是農班出身，也沒有創業經驗。原本都在不同領域工作，是因為相信這個夢想，所以我們一起打拚。

在乳牛飼養的領域，營養配方、飼養管理、醫療行為，都是不同的專業。如果在這荒蕪之地，需要單打獨鬥，回頭又知道自己這一行無後繼者。其他從一般訓練體系出來的傳統獸醫師，為什麼要去選擇困難的「林」呢？

幾年前，我靜下心來思考這個問題。創業時，著手建立技術團隊，就是一種與酪農協同飼養的另類觀念——讓獸醫師不會只關注個體醫療，而是留意整間牧場的健康狀況。

這樣的協同團隊，包括牛隻飼養管理、營養監控、數據分析、動線流程，在乎的是牧場自身體質的提升與乳品質差異化的特色。長遠來看，讓乳牛獸醫不會只忙於解決燃眉之急。預防醫學內部的分工，也是我們這群醫療人員可以深耕、精進好幾年的領域。

還記得幾年前去以色列做產業交流，看到他們的乳品廠、酪農、育種中心、獸醫團隊、政府單位、產業協會，甚至包括消費者團體，全部都以開放且全面合作的心態，建立了資訊交流的系統。彼此有了信任，再談長期發展。

臺灣的乳牛醫療，也必須真實前進，不斷前進，哪怕只是終於前進一點點。雖然外在環境困難，但我知道，我們這群獸醫，必須保持向前。而這一切的根源，是我們需要改變原本想事情的思維，不該只停留在「急救」階段。

晚上十一點，剛結束一場急診，我開著車，從牧場回到雲林虎尾。這段路上盡是農田，田中小路一片漆黑，只有微弱的路燈，以及車子不斷前進的亮光。

德國的小說家班尼迪克．威爾斯（Benedict Wells）在《寂寞終站》（*The End of Loneliness*）中寫道：「我深信一個人可以強迫自己當個有創造力的人，深信想像力是可以訓練的，但決心卻無法訓練。決心才是真正的天分。」

不知道自己是不是個有足夠天賦的人，但我想，時間終究會回答。

「你需要打死不退，繼續堅持。」

如果有機會對年輕的自己說話，我想這麼說。

直到看見這個產業迎來改變的那一道曙光。

後記

故事是怎麼誕生的？

我是個喜歡閱讀故事的人，在二〇一五年 TED×Taipei 的年會，我站上了舞臺講故事。如果故事可以幫助我們彼此理解，進而產生行動，那這個故事就有無窮的力量。能說出有力量的故事人，在我心中就是有影響力的實踐家。

為了上 TED 舞臺而不斷嘗試的說故事旅程，我認識了非常多心懷理想的朋友，他們來自各行各業，有消防員、牧師、長期關注無家者的社會倡議領袖、熱心耕耘國外議題的志工等。就這樣，因為故事，我們有機會結合、互相打氣，有時候發現對方墜入低谷時，也彼此支持。

很榮幸在這場活動後和遠流出版社有所接觸，承諾了要撰寫一本以牧場生活故事的書。原本喜愛動筆的我，卻因為剛好在同一年成立鮮乳坊，創業過程中各種焦頭爛額的事物，讓我失去了能夠平靜記錄生活的空間，因此書稿一再拖延。

國中畢業的那年暑假，我到加拿大參加遊學營，智元和我一起住在同一個寄宿家庭。當時他的音樂天分令我驚訝，在廣播聽到梁靜茹的新歌，只要聽第二次，他就能夠用鋼琴彈奏出來，這樣的天賦讓我非常景仰。十幾年後，我們也有緣分一起創業。他是個才華洋溢的創作人，從音樂人到影像導演，看著這一路的故事。他在二〇二〇年疫情正嚴峻的時候，拍攝了《通道》這部紀錄片，以大動物獸醫為主題，把酪農和乳牛的故事一起納入，獲得了該屆的新北市紀錄片獎優選影片，甚至入選了隔年的波士頓臺灣影展。

因此，我大膽地向智元提議，以邀請他文字創作的形式，共同撰寫這一本書。這是一個非常艱辛卻印象深刻的美好過程。

當我想不到主題或想要表達的內容無法好好闡述時，常常是在做乳牛直腸觸診的時候突然充滿靈感，手放進牛的屁股內，似乎就像是電影《阿凡達》的觸角連結一般，腦子突然有了想像力。但滿手黃金的我沒辦法寫下想到的事情，只得不斷默念，並在檢查完所有牛隻後，衝進車子內，在還沒有忘記前趕緊記錄下來。因此這一本書，說是在牛的直腸內完成的也不為過。謝謝智元用各種彈性的方式讓我在車上、在牧場中，透過錄音、視訊等方式，把我在牧場的感受以文字的方式呈現給讀者。

感謝遠流在這幾年來，仍然沒有放棄這些故事，小米、曼靈、明雪總是堅定地給予我們支持，讓我們對於出版能夠充滿信心與安心。

感謝鮮乳坊所有的夥伴，成就我任性地想要繼續做獸醫工作的期待，並承接我對於酪農產業的使命。黃瓜協助審稿，阿邦在工作之餘協助繪製封面，在這本書中，有你們給予的許多幫助。

感謝酪農好友們，不但讓我有勇氣選擇從臺北到雲林生活，這些故事都是和你們一起而產生的感受與體驗，因為與你們相處，讓我知道我想要什麼樣的生活。

感謝我的恩師蕭火城醫師，從他的大動物獸醫態度和生活哲學當中，使我真的能夠成為我想要成為的人。

最後，特別感謝我的太太庭瑄，在大動物獸醫原本應該很孤獨的生活中，能夠有最溫暖的陪伴。出診的時候，她經常充當我的司機、牧場的攝影師，是提醒我「再忙錄也要記得感受一切」的伴侶。這些醫療過程，以及與農家相處的許多片段，也都與我一起參與。書中透過她插畫的筆觸，讓牧場的那些畫面能夠充滿溫度與愛，也讓這一本書非常不一樣。

入行到今天，我依然是一位平凡的獸醫師，待在牧場這種看起來數十年如一日的地方，但當我講著發生在自己身上的經歷，還有在這些最平凡的地方所看見的事情，那一刻突然覺得——原來我有一些亮光可以分給在黑暗中的人。那些真實發生在每個人身上的，或你們，或他們，都是一個又一個用故事堆疊出來的可貴生命。未受雕琢以前，外人看不出來這原來是塊寶玉。

感謝正在看這本書的你，希望透過這些也許遙遠的人與故事，能夠更認識臺灣這塊美麗的土地。

而我知道，這個世界，也正等待著你的好故事。

書後

我那「樂觀到無可救藥」的獸醫朋友

柯智元

沒想到這本書真的出版了。

阿嘉是我認識二十年的好友。我們同屆，升高一那年認識。完全沒想過，有一天，我能成為寫下他人生經歷的那枝筆。

他曾經想過當一位教育家，也想過進到政治體制內工作，但當我們到了而立之年，都選擇了小時候從來沒想過的職業——他成為了一位臺灣罕見的大動物獸醫師，而我誤打誤撞成了一位紀錄片導演，現在還成為他人生故事的寫作者。

本書採用共創的寫作方式，也是我自寫個人部落格以來從未有過的體驗。一次次透過實體或線上訪談，將阿嘉的故事一一文字化，再透過文嫺的修訂，庭瑄、建邦的畫筆巧手，聚攏成今天讀者拿在手裡的這本書。

這些稿件，有一部分是在醫院完成的，包括這篇文章也是。二〇一八年之後，我被一種怪病纏身，換了三個專業的醫療團隊，仍無法根治。三年內九度發作，七度入院，甚至一次在農曆新年，一次在國曆跨年。每逢劫難，只能按照醫囑，打著點滴，展開至少七十二小時的禁食長征。此時，打開筆電，重新編修文章，是我得以暫時抽離現實、忘卻痛苦的方式。阿嘉的生命故事，許多時候也給了我自己力量。

《梅岡城故事》（*To Kill a Mockingbird*）寫道：「除非我們穿了別人的鞋子走路，否則是不會了解這個人的。」身為同屆好友，訪談的過程裡，有好幾次，我不禁這樣思考：「如果我是他，我能做出這些決定嗎？」

阿嘉在重要大考表現些微失常，在選填志願時，選擇離開臺北，成為走向獸醫學院的建中畢業生。但必須說，「優秀的人在哪裡都活得很好」是我深信的至理名言。他從一開始的沮喪、不確定自己是否該重考，到今天成為許多獸醫系學生請益職涯目標的對象，我看到的是，臺灣傳統教育體制在這個軀體裡不斷來回衝撞的過程。

阿嘉始終是一位極富有同理心的人，因此不論處在怎樣的位置與階級，他總能在他人的眼淚中感受到疼痛。這個特點使他不只是一位乳牛獸醫師，甚至成為了一位在全球化時代為沉默的酪農家庭請命的倡議者。

有天工作到一半，我告訴他，最近在重聽一首歌，發現這首很適合描寫他為了創業找到的這一群夥伴（當然也包括他自己）。那首歌，就是五月天在二〇〇〇年發表的《憨人》。

在我心中，這位朋友始終是有點「不乖」的。而在觀察過程中，我也慢慢從一開始的不解，到對於這股叛逆生出一種欽佩之情。面對逆境，他始終有辦法保持樂觀，因此常能以一種異於常人的角度，觀看同樣一件事情。這本書便是集結了許多他生命的重要時刻，也有他對於這群農友的關懷。

書寫完成，只是一段旅程的逗點。相信隨著讀者的參與，這一場與酪農業、獸醫界的連結，才正準備要開始。

而這本書能完成，首先要感謝一路相伴的遠流。也特別想感謝小米，對於一位菜鳥主筆的傾囊相授。

感謝我的家人，在我一次次不支倒下的時候，準確地接住了我。

感謝鮮乳坊的夥伴們，雖然在這本書出現的章節不多，但我在寫書的過程時常想到你們。因為在你們身上，那股熟悉的不服氣、不認輸，也無數次鼓舞了我在谷底的日子。

本書獻給那群承受多次重擊，仍沒被打倒，站起來，依然要改變世界的憨人。

國家圖書館出版品預行編目 (CIP) 資料

大動物小獸醫：做牛做馬的出診人生／龔建嘉著；柯智元撰文 . --
初版 . -- 臺北市：遠流出版事業股份有限公司，2023.03
面；　公分

ISBN 978-957-32-9995-0（平裝）

1.CST: 獸醫師　2.CST: 酪農業　3.CST: 通俗作品

437.28　　112000900

大動物小獸醫

做牛做馬的出診人生

作者／龔建嘉
撰文／柯智元
繪者／張庭瑄
文字協力／陳文嫺

資深編輯／陳嬿守
封面設計／李建邦
行銷企劃／鍾曼靈
出版一部總編輯暨總監／王明雪

發行人／王榮文
出版發行／遠流出版事業股份有限公司
地址／ 104005 臺北市中山北路一段 11 號 13 樓
電話／（02）2571-0297　傳真／（02）2571-0197　郵撥／ 0189456-1
著作權顧問／蕭雄淋律師
□ 2023 年 3 月 1 日　初版一刷

定價／新臺幣 380 元（缺頁或破損的書，請寄回更換）
有著作權 ・ 侵害必究　Printed in Taiwan
ISBN 978-957-32-9995-0

YL 遠流博識網　http://www.ylib.com　E-mail: ylib@ylib.com
遠流粉絲團　https://www.facebook.com/ylibfans